中国华电集团公司
CHINA HUADIAN CORPORATION

2016 年版

火电企业安全性综合评价

（燃机分册）

中国华电集团公司　编

U0345473

中国电力出版社
CHINA ELECTRIC POWER PRESS

内 容 提 要

为贯彻落实国家安全生产最新法律法规，以及电力行业安全技术规范和系列标准，积极适应新工艺、新材料和新装备大量应用实际，中国华电集团公司对 2011 年发布的《发电企业安全性综合评价》（安全管理、劳动安全和作业环境，火电厂生产管理）组织修订完善。同时，结合安全生产标准化、安全诚信建设和隐患排查治理要求，对相关管理内容予以补充完善，并同步对扣分标准和查评依据进行了更新。

为方便培训和查评工作实际，本次修订将《火电企业安全性综合评价》（2016 年版）内容系统梳理，划分成为安全管理、劳动安全和作业环境，汽机，锅炉，环保，电气，热控，化学，燃料，燃机，供热共十个分册。

本分册为《火电企业安全性综合评价 燃机分册》（2016 年版），涵盖了燃气轮机本体设备、天然气系统、空气进气系统、燃气轮机排气系统、罩壳与通风系统、冷却密封系统、CO_2 消防系统、可燃气体检测系统、水洗及水洗排污系统、燃气轮机油系统、燃气轮机运行管理、燃气轮机技术管理、标示标牌、燃气轮机管理诚信评价等内容。附录列出了引用标准清单，评价总分表，发现的主要问题、整改建议及分项评分结果，检查发现问题及整改措施，扣分项目整改结果统计表，专家复查结果表，标准修订建议记录表等。

本分册供中国华电集团公司所属火电企业安全性评价工作人员、各级安全生产管理及作业人员使用，也可供水电与新能源发电企业借鉴、参考。

图书在版编目（CIP）数据

火电企业安全性综合评价. 燃机分册/中国华电集团公司编. —北京：中国电力出版社，2016.1
ISBN 978-7-5123-8886-4

Ⅰ．①火… Ⅱ．①中… Ⅲ．①火电厂－内燃机－安全评价－综合评价 Ⅳ．①TM621.9

中国版本图书馆 CIP 数据核字（2016）第 017744 号

火电企业安全性综合评价 燃机分册（2016 年版）

中国电力出版社出版、发行　　　　　　　　北京九天众诚印刷有限公司印刷　　　　　　　　各地新华书店经售
（北京市东城区北京站西街 19 号　100005　http://www.cepp.sgcc.com.cn）

2016 年 1 月第一版　　　　　　　　　　　2016 年 1 月北京第一次印刷　　　　　　　　印数 0001—1000 册
880 毫米×1230 毫米　　横 16 开本　　6.75 印张　　224 千字　　　　　　　　　　　　定价 23.00 元

编 委 会

前　言

　　安全性综合评价工作是发电企业实施安全生产源头治理和提升本质安全水平的重要手段。中国华电集团公司始终坚持"安全第一，预防为主，综合治理"方针，将全面推进发电企业安全性综合评价作为风险预控的重要手段，充分借助这一有效载体，抓预防、重治本，夯实基础，规范管理，培育文化，推动公司系统安全整体水平不断提升。

　　当前，新的安全生产法律法规和国家、行业规范标准集中发布实施，发电生产中新技术、新材料、新工艺和新设备大量投入应用，原《发电企业安全性综合评价》（2011 年版）已不能满足安全生产实际需求。为此，中国华电集团公司对原评价标准进行修编，形成《火电企业安全性综合评价》（2016 年版）。

　　此次修编工作中，全面梳理了所依据的法律法规和国家、行业、集团标准规范，对原篇章、结构进行调整和优化，有机整合了发电企业安全生产标准化达标评级标准、安全生产隐患排查分级治理和诚信评价等内容。便于在安全性评价查评过程中，对照相关条款一并开展标准化查评工作；对发现的问题进行隐患分级，及时进行监控和整改；纳入诚信评价体系，推动企业各级安全生产诚信体系建设。

　　《火电企业安全性综合评价》（2016 年版）按照专业划分、结集出版。整个系列分为安全管理、劳动安全和作业环境，汽机，锅炉，环保，电气，热控，化学，燃料，燃机，供热共十个分册，其查评依据对法律法规和国家、行业、集团标准的具体条款进行直接引用，便于查评人员查阅。扣分标准由原来的固定分值改为扣分范围。

　　此次修编过程中，全面贯彻了目标引导、规范管理、指标评价、流程控制的思路，对发电企业安全生产要素进行全面梳理和整合，是二级公司全面"做实"、基层企业有力"强基"的安全生产重要工具和定量标尺。各级企业应继续深化安全性评价工作，关注短板，持续改进，常抓常新，健全机制，努力建设本质安全型企业。

　　华电国际电力股份有限公司承担了本系列标准的主要编写工作，山东分公司、河南分公司、安徽分公司、河北分公司、湖南分公司、宁夏分公司、贵州分公司、莱州公司、淄博公司和灵武公司也提供了大力支持和帮助，在此一并表示感谢。

　　由于时间仓促和编者水平有限，疏漏之处在所难免，敬请广大读者批评指正。

中国华电集团公司

2015 年 12 月 6 日

目　录

燃机（总计 3240 分）

序号	评价项目	标准分	查证方法	扣分条款	扣分标准	扣分	查 评 依 据	标准化	隐患级别
1	燃气轮机本体设备	760							
1.1	压气机（含压气机进气缸、压气机缸、压气机排气缸，压气机进口可调导叶、静叶、动叶）	140	查阅金属监督报告、厂家检查报告、检修记录、检修台账、运行日志等，现场询问	①压气机进口可调导叶、静叶、动叶和气缸存在影响安全运行的裂纹未按要求进行处置	140		1.《火力发电厂金属技术监督规程》（DL/T 438—2009） 15.2.2 大型铸件发现表面裂纹后，应进行打磨或打止裂孔，若打磨处的实际壁厚小于壁厚的最小值，根据打磨深度由金属监督专责工程师提出是否挖补。对挖补部位应进行无损探伤和金相组织、硬度检验。 2. 制造厂技术要求及工艺规范 压气机可调导叶、静叶、动叶存在任何程度的裂纹都必须停机，经专业厂家处理和安全评估后方可再次投运		重大
				②压气机气缸结合面存在漏气情况（负压处和正压处）	5/处		制造厂技术要求及工艺规范 压气机进气端气缸结合面负压处发生向内漏气、漏油会污染压气机叶片，尤其漏油会严重污染透平叶片造成叶片烧毁，发现漏油现象应立即处理；正压处指压气机气缸外部漏气，造成燃机间环境温度上升，应及时处理		一般
				③压气机进气缸与风道的软连接存在脱胶、漏气情况	5/处		制造厂技术要求及工艺规范 连接不应脱胶、压板及压紧螺栓紧固良好，避免压气机通过这些破口吸入未经过滤含有杂质和油雾的空气		一般

序号	评价项目	标准分	查证方法	扣分条款	扣分标准	扣分	查 评 依 据	标准化	隐患级别
1.1	压气机（含压气机进气缸、压气机缸、压气机排气缸，压气机进口可调导叶、静叶、动叶）	140	查阅金属监督报告、厂家检查报告、检修记录、检修台账、运行日志等，现场询问	④进口可调导叶存在卡涩现象，导叶角度未进行定期标定	5/处		中国华电集团公司《电力安全工作规程（热力和机械部分）（2013年版）》 8.8.8 防止压气机出现喘振情况，在机组运行的各阶段，检查IGV能按照逻辑设定正确调节开度，无卡涩现象。一旦发现IGV开度异常，应根据情况立即暂停启停操作，及时处理。机组启动时若发现防喘阀无法正常开启，应立即停机处理		一般
				⑤未按制造厂家技术要求定期对压气机动静叶进行孔窥检查，存在一般性不影响安全运行的裂纹，未按照要求跟踪检查记录	5/次		中国华电集团公司《电力安全工作规程（热力和机械部分）（2013年版）》 8.7.3 严格进行规范的周期性孔窥检查，建立孔窥检查档案，检查时应确认盘车装置及启动装置已经停用并停电		一般
				⑥定期压气机首级动叶片未按厂家要求进行超声波检查；大修期间未对压气机动静叶片进行无损探伤	5/次		中国华电集团公司《电力安全工作规程（热力和机械部分）（2013年版）》 8.7.4 燃机热通道以及压气机等部件的检查、维修、更换，应按照制造厂规定的时间定期进行，不得拖延或取消	5.6.1.4	一般
				⑦首级动叶及IGV清理、检查、标定工作期间未严格落实相关安全措施	5/次		中国华电集团公司《电力安全工作规程（热力和机械部分）（2013年版）》 8.9.1 在进行压气机开缸、首级动叶检查等涉及压气机进口可调导叶IGV的检修工作时，应做好IGV固定止转的安全措施，用千斤顶或其他机械方式将IGV顶住，防止IGV突然转动伤人，EH油泵停用并停电		一般
1.2	燃烧室（火焰筒、过渡段、导流衬套、燃烧器喷嘴、端盖、联焰管、隔热瓦、火检、点火器）	120	查阅大中小修总结、检修记录、检验报告、运行巡检记录、金属监督报告、设备台账等	①燃烧室部件存在严重缺陷（如火焰筒、过渡段贯通、交叉闭合裂纹或破口，隔热瓦脱落），影响机组安全运行	120		中国华电集团公司《发电企业生产典型事故预防措施》 12.5.1 严格进行规范的周期性孔探，制定科学、合理的检修策略。 （1）对燃机压气机、燃烧室、透平动叶及透平喷嘴隔板定期进行孔探检查。对压气机，应重点检查异物		重大

序号	评价项目	标准分	查证方法	扣分条款	扣分标准	扣分	查 评 依 据	标准化	隐患级别
1.2	燃烧室（火焰筒、过渡段、导流衬套、燃烧器喷嘴、端盖、联焰管、隔热瓦、火检、点火器）	120	查阅大中小修总结、检修记录、检验报告、运行巡检记录、金属监督报告、设备台账等	①燃烧室部件存在严重缺陷（如火焰筒、过渡段贯通、交叉闭合裂纹或破口，隔热瓦脱落），影响机组安全运行	120		损伤、积垢、腐蚀、叶顶磨损、叶顶间隙、叶片叶根磨损松动、垫片脱出等情况；对于透平动叶，应重点检查异物打击、腐蚀、涂层脱落、磨损、裂纹、叶顶间隙、掉块等，必要时取垢样分析或作无损探伤		一般
				②燃烧喷嘴、火焰筒、过渡段、导流衬套、隔热瓦存在裂纹、变形、积炭、磨损、涂层脱落等缺陷，未及时跟踪记录	5/处		中国华电集团公司《发电企业生产典型事故预防措施》 12.5.1 严格进行规范的周期性孔探，制定科学、合理的检修策略。 （1）对燃机压气机、燃烧室、透平动叶及透平喷嘴隔板定期进行孔探检查。对压气机，应重点检查异物损伤、积垢、腐蚀、叶顶磨损、叶顶间隙、叶片叶根磨损松动、垫片脱出等情况；对于透平动叶，应重点检查异物打击、腐蚀、涂层脱落、磨损、裂纹、叶顶间隙、掉块等，必要时取垢样分析或作无损探伤	5.6.1.4	一般
				③发生火焰检测器无法检测到火焰等故障，未及时处理	3/次		中国华电集团公司《发电企业生产典型事故预防措施》 30.4.9 应定期清理检查火焰探测器和火花塞。机组点火时，火花塞、火焰探测器应工作正常，着火后火焰应稳定。火焰显示不正常或故障时，应对火检和信号回路进行检查处理，并校验正常后，方可启动机组		一般
				④未定期对点火系统检查、记录	3/次		《防止电力生产事故的二十五项重点要求》（国能安全〔2014〕161号） 8.7.13 严格执行燃气轮机点火系统的管理制度，定期加强维护管理，防止点火器、高压点火电缆等设备因高温老化损坏而引起点火失败		一般

续表

序号	评价项目	标准分	查证方法	扣分条款	扣分标准	扣分	查 评 依 据	标准化	隐患级别
1.2	燃烧室（火焰筒、过渡段、导流衬套、燃烧器喷嘴、端盖、联焰管、隔热瓦、火检、点火器）	120	查阅大中小修总结、检修记录、检验报告、运行巡检记录、金属监督报告、设备台账等	⑤外联焰管存在外漏缺陷，未及时处理	3/处		制造厂技术要求及工艺规范 对于分管式燃烧的（环形燃烧室不适用）燃气轮机，外联焰管的泄漏会引起燃机间温度上升，造成布置其间的火警探头损坏及其他线缆老化		一般
				⑥未定期检查火焰检测器冷却水管及接头记录；发生火焰检测器冷却水管泄漏	5/处		《防止电力生产事故的二十五项重点要求》（国能安全〔2014〕161 号） 8.6.15　应定期检查燃气轮机、压气机气缸周围的冷却水、水洗等管道、接头、泵压，防止运行中断裂造成冷水喷在高温气缸上，发生气缸变形、动静摩擦设备损坏事故		一般
				⑦未按制造厂家技术要求定期孔窥检查、记录	5/次		中国华电集团公司《电力安全工作规程（热力和机械部分）（2013 年版）》 8.7.3　严格进行规范的周期性孔窥检查，建立孔窥检查档案，检查时应确认盘车装置及启动装置已经停用并停电		一般
1.3	燃气轮机透平（燃气轮机透平缸体、动叶、喷嘴、护环）	120	查阅检修记录、检修报告、厂家检查报告、金属监督报告、运行记录、缺陷记录、现场查询、查看分散控制系统数据等	①燃气轮机透平动叶存在轴向、径向、圆周趋势将闭合裂纹和贯穿性裂纹，烧蚀现象严重等缺陷未按照要求进行处置	120		中国华电集团公司《发电企业生产典型事故预防措施》 12.5.1　严格进行规范的周期性孔探，制定科学、合理的检修策略。 （1）对燃机压气机、燃烧室、透平动叶及透平喷嘴隔板定期进行孔探检查。对压气机，应重点检查异物损伤、积垢、腐蚀、叶顶磨损、叶片叶根磨损松动、垫片脱出等情况；对于透平动叶，应重点检查异物打击、腐蚀、涂层脱落、磨损、裂纹、叶顶间隙、掉块等，必要时取垢样分析或作无损探伤		重大
				②燃气轮机透平气缸结合面存在漏气情况	3/处		制造厂技术要求及工艺规范 燃气轮机透平气缸结合处发生向外漏气造成燃机间罩壳内温度升高，易引发火检探头、危险气体探头损坏和误报警，应及时处理		一般

序号	评价项目	标准分	查证方法	扣分条款	扣分标准	扣分	查 评 依 据	标准化	隐患级别
1.3	燃气轮机透平（燃气轮机透平缸体、动叶、喷嘴、护环）	120	查阅检修记录、检修报告、厂家检查报告、金属监督报告、运行记录、缺陷记录、现场查询、查看分散控制系统数据等	③燃气轮机透平动叶片存在裂纹、外物击伤、热腐蚀、烧蚀及局部金属涂层脱落缺陷，未按要求进行跟踪记录	5/处		中国华电集团公司《发电企业生产典型事故预防措施》 12.5.1 严格进行规范的周期性孔探，制定科学、合理的检修策略。 （1）对燃机压气机、燃烧室、透平动叶及透平喷嘴隔板定期进行孔探检查。对压气机，应重点检查异物损伤、积垢、腐蚀、叶顶磨损、叶顶间隙、叶片叶根磨损松动、垫片脱出等情况；对于透平动叶，应重点检查异物打击、腐蚀、涂层脱落、磨损、裂纹、叶顶间隙、掉块等，必要时取垢样分析或作无损探伤。 （2）应建立孔探档案，鉴定热通道及压气机部件质量状况，追踪缺陷发展趋势，作为调整燃机检修周期，定购相应备件的依据	5.6.1.2	一般
				④燃气轮机透平喷嘴及静叶存在裂纹、变形、烧蚀及金属脱落超标，轮间密封和轴封磨损等缺陷，未按要求进行跟踪记录	5/处		中国华电集团公司《发电企业生产典型事故预防措施》 12.5.1 严格进行规范的周期性孔探，制定科学、合理的检修策略。 （1）对燃机压气机、燃烧室、透平动叶及透平喷嘴隔板定期进行孔探检查。对压气机，应重点检查异物损伤、积垢、腐蚀、叶顶磨损、叶顶间隙、叶片叶根磨损松动、垫片脱出等情况；对于透平动叶，应重点检查异物打击、腐蚀、涂层脱落、磨损、裂纹、叶顶间隙、掉块等，必要时取垢样分析或作无损探伤。 （2）应建立孔探档案，鉴定热通道及压气机部件质量状况，追踪缺陷发展趋势，作为调整燃机检修周期，定购相应备件的依据	5.6.1.2	一般
				⑤燃气轮机透平动、静叶冷却风孔存在堵塞现象，未按照要求进行处置	5/处		制造厂技术要求及工艺规范 燃机透平动、静叶冷却孔堵塞将会引起启动、静叶熔毁的严重后果，究其原因：		一般

序号	评价项目	标准分	查证方法	扣分条款	扣分标准	扣分	查评依据	标准化	隐患级别
1.3	燃气轮机透平（燃气轮机透平缸体、动叶、喷嘴、护环）	120	查阅检修记录、检修报告、厂家检查报告、金属监督报告、运行记录、缺陷记录、现场查询、查看分散控制系统数据等	⑤燃气轮机透平动、静叶冷却风孔存在堵塞现象，未按照要求进行处置	5/处		1）空气过滤滤芯选用产品不符合制造厂技术要求，造成污垢堵塞冷却孔； 2）空气过滤滤芯安装存在大量短路现象造成污垢堵塞冷却孔； 3）进气通道软连接存在泄漏现象造成污垢堵塞冷却孔； 4）水洗洗涤剂成分不符合制造厂技术要求，造成冷却孔结垢； 5）保养不利压气机内部大面积锈蚀剥落造成冷却孔堵塞		一般
				⑥热通道主要部件返修后，未提供修前、修后报告	5/次		1.《防止电力生产事故的二十五项重点要求》（国能安全〔2014〕161号） 8.6.16 燃气轮机热通道主要部件更换返修时，应对主要部件焊缝、受力部位进行无损探伤，检查返修质量，防止运行中发生裂纹断裂等异常事故。 2.制造厂技术要求及工艺规范 燃机热部件进入返修工厂后，首先应全面检查并出具全面的修理报告，然后对修复后的热部件出具修复后的出厂报告	5.6.1.4	
				⑦未按制造厂家技术要求定期孔窥检查、记录	5/次		中国华电集团公司《电力安全工作规程（热力和机械部分）（2013年版）》 8.7.3 严格进行规范的周期性孔窥检查，建立孔窥检查档案，检查时应确认盘车装置及启动装置已经停用并停电	5.6.1.4	一般
1.4	燃气轮机转子（含燃气轮机透平转子、压气机转子、联轴器、启动装置、燃机盘车）	160	查阅检修记录、检修报告、厂家检查报告、金属监督报告、运行记录、缺陷记录、现场查询等	①对新投产的燃气轮机组或调节系统进行重大改造后的燃气轮机组未进行甩负荷试验	160		《防止电力生产事故的二十五项重点要求》（国能安全〔2014〕161号） 8.5.11 对新投产的燃气轮机组或调节系统进行重大改造后的燃气轮机组必须进行甩负荷试验	5.6.1.2	重大

序号	评价项目	标准分	查证方法	扣分条款	扣分标准	扣分	查 评 依 据	标准化	隐患级别
1.4	燃气轮机转子（含燃气轮机透平转子、压气机转子、联轴器、启动装置、燃机盘车）	160	查阅检修记录、检修报告、厂家检查报告、金属监督报告、运行记录、缺陷记录，现场查询等	②大修期间未对各联轴器轴孔、轴销及间隙配合检查、记录；未对对轮螺栓外观及金属探伤检验记录（含防松状态检查）	160		《防止电力生产事故的二十五项重点要求》（国能安全〔2014〕161 号） 8.6.8 新机组投产前和机组大修中，应重点检查： （3）各联轴器轴孔、轴销及间隙配合满足标准要求，对轮螺栓外观及金属探伤检验，紧固防松措施完好		重大
				③大修期间未对转子表面及高温段应力集中部位检查或无损探伤检查记录	5/次		《防止电力生产事故的二十五项重点要求》（国能安全〔2014〕161 号） 8.6.3 严格按照燃气轮机制造商的要求，定期对燃气轮机孔探检查，定期对转子进行表面检查或无损探伤。按照《火力发电厂金属技术监督规程》（DL/T 438—2009）相关规定，对高温段应力集中部位可进行金相和探伤检查，若需要，可选取不影响转子安全的部位进行硬度试验		一般
				④大修期间未进行轮盘拉杆螺栓紧固情况、轮盘之间错位、通流间隙、转子及各级叶片的冷却风道检查、记录	2/处		《防止电力生产事故的二十五项重点要求》（国能安全〔2014〕161 号） 8.6.8 新机组投产前和机组大修中，应重点检查： （1）轮盘拉杆螺栓紧固情况、轮盘之间错位、通流间隙、转子及各级叶片的冷却风道。 （4）燃气轮机热通道内部紧固件与锁定片的装复工艺，防止因气流冲刷引起部件脱落进入喷嘴而损坏通道内的动静部件		一般
				⑤大修期间未进行平衡块固定螺栓检查、记录（含防松状态检查）	5/处		《防止电力生产事故的二十五项重点要求》（国能安全〔2014〕161 号） 8.6.8 新机组投产前和机组大修中，应重点检查： （2）平衡块固定螺栓、风扇叶固定螺栓、定子铁芯支架螺栓，并应有完善的防松措施。绘制平衡块分布图		一般

序号	评价项目	标准分	查证方法	扣分条款	扣分标准	扣分	查 评 依 据	标准化	隐患级别
1.4	燃气轮机转子（含燃气轮机透平转子、压气机转子、联轴器、启动装置、燃机盘车）	160	查阅检修记录、检修报告、厂家检查报告、金属监督报告、运行记录、缺陷记录，现场查询等	⑥未建立转子技术档案；未对制造商提供的转子原始缺陷和材料特性等原始资料存档；没有历次转子检修检查记录资料	5/处		《防止电力生产事故的二十五项重点要求》（国能安全〔2014〕161号） 8.6.19　建立转子技术档案，包括制造商提供的转子原始缺陷和材料特性等原始资料、历次转子检修检查资料；有关转子金属监督技术资料完备；根据转子档案记录，定期对转子进行分析评估，把握转子寿命状态；建立燃气轮机热通道部件返修使用记录台账		一般
				⑦燃气轮机组大修后，未按规程要求进行燃气轮机调节系统的静止试验或仿真试验（如IGV角度标定），未确认调节系统工作正常	5/次		《防止电力生产事故的二十五项重点要求》（国能安全〔2014〕161号） 8.5.9　燃气轮机组大修后，必须按规程要求进行燃气轮机调节系统的静止试验或仿真试验，确认调节系统工作正常。否则，严禁机组启动		一般
				⑧有缺陷转子经过制造商技术确认，根据燃气轮机组的具体情况、缺陷性质未制定运行安全措施，未报上级主管部门备案	5/处		《防止电力生产事故的二十五项重点要求》（国能安全〔2014〕161号） 8.6.4　不合格的转子绝不能使用，已经过制造商确认可以在一定时期内投入运行的有缺陷转子应对其进行技术评定，根据燃气轮机组的具体情况、缺陷性质制定运行安全措施，并报上级主管部门备案		一般
				⑨燃气轮机组轴系未安装两套以上转速监测装置，且未分别装设在不同的转子上	2/处		《防止电力生产事故的二十五项重点要求》（国能安全〔2014〕161号） 8.5.4　燃气轮机组轴系应安装两套转速监测装置，并分别装设在不同的转子上		一般
				⑩大轴轴颈存在磨损严重沟槽，未及时处理	5/处		1.《防止电力生产事故的二十五项重点要求》（国能安全〔2014〕161号） 10.5.3　密封油系统平衡阀、压差阀必须保证动作灵活、可靠，密封瓦间隙必须调整合格。发现发电机		一般

序号	评价项目	标准分	查证方法	扣分条款	扣分标准	扣分	查评依据	标准化	隐患级别
1.4	燃气轮机转子（含燃气轮机透平转子、压气机转子、联轴器、启动装置、燃机盘车）	160	查阅检修记录、检修报告、厂家检查报告、金属监督报告、运行记录、缺陷记录，现场查询等	⑩大轴轴颈存在磨损严重沟槽，未及时处理	5/处		大轴密封瓦处轴颈存在磨损沟槽，应及时处理。 2. 燃气轮机制造厂技术要求及工艺规范 大轴轴颈存在磨损严重的沟槽，深≥0.05mm，宽≥0.10mm，3条以上；宽≥0.30mm 或深≥0.25mm，1条以上，应及时处理后再投入运行		一般
1.5	滑销系统（燃气轮机前后支脚、燃机缸纵销、排气缸纵销、排气缸左右支脚）	60	查阅运行启停记录、运行日志、缺陷记录、大修记录、定期注油记录，现场查询	①滑销系统存在汽缸膨胀受阻，影响正常启停，使机组启动时间延长或影响机组正常运行	60		《300MW 级汽轮机运行导则》（DL/T 609—1996） 5.5.7 启动中监视、记录汽缸各膨胀值匀变化均匀对应，发现滑销系统卡涩，应延长暖机时间或研究解决措施，防止汽缸不均膨胀变形引起振动		重大
				②因滑销系统卡涩、间隙不合格、定位不良等原因造成的通流部分径向间隙严重磨损	2/次		《燃气轮机总装技术条件》（GB/T 14793—1993） 11.3 当压气机气缸采用导键安装于底盘上，进排气缸导键与底盘的间隙为 0.025mm～0.05mm； 11.4 压气机采用滑销结构时，滑销与销孔的间隙应不小于 0.04mm		一般
				③大中修中未对具备检查条件的滑销系统进行检查，记录不完整	2/处		燃气轮机制造厂技术要求及工艺规范 大中修期间应对燃机的滑销系统逐一拆卸、清理、检查、调整间隙，避免机组运行期间膨胀受阻		一般
				④定期注油的滑销支脚未按规定注油并做记录	2/（台·次）		燃气轮机制造厂技术要求及工艺规范 机组停运期间，对于有注油台板的支脚进行注油，对于无滑油的支脚底板应检查、清理避免膨胀受阻		一般
1.6	轴承（包括主轴承、推力轴承、密封瓦等）	80	查阅检修记录、检验报告、设备台账等、运行记录、缺陷记录，现场检查询问	①燃气轮机轴承钨金存在严重磨损，存在脱胎、龟裂等缺陷	5/处		《防止电力生产事故的二十五项重点要求》（国能安全〔2014〕161 号） 23.3.6.5 定期对轴承瓦进行检查，确认无脱壳、裂纹等缺陷，轴瓦接触面、轴颈、镜板表面粗糙度应符合设计要求。对于巴氏合金轴承瓦，应定期检查合金与瓦坯的接触情况，必要时进行无损探伤检测		一般

续表

序号	评价项目	标准分	查证方法	扣分条款	扣分标准	扣分	查 评 依 据	标准化	隐患级别
1.6	轴承（包括主轴承、推力轴承、密封瓦等）	80	查阅检修记录、检验报告、设备台账等、运行记录、缺陷记录，现场检查询问	②轴承钨金温度、回油温度超过报警值，未采取措施	2/点		《防止电力生产事故的二十五项重点要求》（国能安全〔2014〕161号） 8.4.13 机组启动、停机和运行中要严密监视推力瓦、轴瓦钨金温度和回油温度。当温度超过标准要求时，应按规程规定果断处理		一般
				③密封瓦间隙调整不合格	2/点		《防止电力生产事故的二十五项重点要求》（国能安全〔2014〕161号） 10.5.3 密封油系统平衡阀、压差阀必须保证动作灵活、可靠，密封瓦间隙必须调整合格。发现发电机大轴密封瓦处轴颈存在磨损沟槽，应及时处理		一般
				④大修期间未对轴瓦测温元件进行校验	5/处		燃气轮机制造厂技术要求及工艺规范 大修期间应对燃机轴瓦、推力轴瓦测温元件进行逐一校验、检查，确保其运行状态工作正常		一般
1.7	振动及振动保护	80	查阅运行记录、缺陷记录，现场检查询问	①当轴承振动或相对轴振动突然增加报警值的100%，未立即停机；未严格按照制造商的操作规范执行，造成重大损失	80		《防止电力生产事故的二十五项重点要求》（国能安全〔2014〕161号） 8.6.13 发生下列情况之一，应立即打闸停机： （5）机组运行中，要求轴承振动不超过0.03mm或相对轴振动不超过0.08mm，超过时应设法消除，当相对轴振动大于0.25mm，应立即打闸停机；当轴承振动或相对轴振动变化量超过报警值的25%，应查明原因设法消除，当轴承振动或相对轴振动突然增加报警值的100%，应立即打闸停机；或严格按照制造商的标准执行		重大
				②机组失速，发生喘振时未立即停机	80		《防止电力生产事故的二十五项重点要求》（国能安全〔2014〕161号） 8.6.13 发生下列情况之一，应立即打闸停机： （3）压气机失速，发生喘振		重大

序号	评价项目	标准分	查证方法	扣分条款	扣分标准	扣分	查 评 依 据	标准化	隐患级别
1.7	振动及振动保护	80	查阅运行记录、缺陷记录，现场检查询问	③机组运行中，振动超过报警值	2/点		《燃气轮发电机组运行规程》（企业标准）依据相关保护定值		一般
				④机组正常运行瓦振、轴振未达到有关标准	2/次		《防止电力生产事故的二十五项重点要求》（国能安全〔2014〕161号）8.6.1 燃气轮机组主、辅设备的保护装置必须正常投入，振动监测保护应投入运行；燃气轮机组正常运行，瓦振、轴振应达到有关标准的优良范围，并注意监视变化趋势		一般
				⑤机组主设备的振动保护未投入运行	2/次		《防止电力生产事故的二十五项重点要求》（国能安全〔2014〕161号）8.6.1 燃气轮机组主、辅设备的保护装置必须正常投入，振动监测保护应投入运行；燃气轮机组正常运行，瓦振、轴振应达到有关标准的优良范围，并注意监视变化趋势	5.6.1.2	一般
				⑥机组振动保护装置退出，未办理审批手续；未采取相应安全措施及事故预想	2/条		《防止电力生产事故的二十五项重点要求》（国能安全〔2014〕161号）8.6.1 燃气轮机组主、辅设备的保护装置必须正常投入，振动监测保护应投入运行；燃气轮机组正常运行，瓦振、轴振应达到有关标准的优良范围，并注意监视变化趋势	5.6.1.2	一般
2	天然气系统（天然气阀组、调压站，前置模块、增压站）	695							
2.1	设备管理	350							
2.1.1	天然气紧急切断阀	15	查阅缺陷记录、定期校验记录，现场检查	①进厂输气总管进口未按照要求设置紧急切断阀	5		《燃气—蒸汽联合循环电厂设计规定》（DL/T 5174—2003）7.2.5 （1）进厂天然气总管及每台燃气轮机天然气进气管上应设置天然气流量测量装置，进厂输气总管上应装设紧急切断阀，并布置在安全与便于操作的位置		一般

续表

序号	评价项目	标准分	查证方法	扣分条款	扣分标准	扣分	查 评 依 据	标准化	隐患级别
2.1.1	天然气紧急切断阀	15	查阅缺陷记录、定期校验记录，现场检查	②紧急切断阀存在关闭不严缺陷	3/处		《防止电力生产事故的二十五项重点要求》（国能安全〔2014〕161号） 8.5.2　燃气关断阀和燃气控制阀（包括燃气压力和燃气流量调节阀）应能关闭严密，动作过程迅速且无卡涩现象。自检试验不合格，燃气轮机组严禁启动		一般
2.1.2	增压站（或称天然气压缩机站）	20	查阅运行日志、缺陷记录、检修台账，现场检查	①增压机存在重大缺陷时，仍然运行	20		《城镇燃气设施运行、维护和抢修安全技术规程》（CJJ 51—2006） 3.3.5　压缩机、烃泵的运行、维护应符合下列规定： 当有下列异常情况时应及时停车处理： （1）自动、连锁保护装置失灵； （2）润滑、冷却、通风系统出现异常； （3）压缩机运行压力高于规定压力； （4）指示仪表损坏或仪表显示数值不在规定范围内； （5）压缩机、烃泵、电动机有异声、振动、过热、泄漏等现象		重大
				②增压站进出口参数不满足燃机运行的需要	3/处		《输气管道工程设计规范》（GB 50251—2015） 6.5.1　压气站工艺流程设计应根据输气系统工艺要求，满足气体的除尘、分液、增压、冷却、越站、试运作业和机组的启动、停机、正常操作及安全保护等要求		一般
				③增压机报警和保护设置不完整，在保护故障状态下仍然运行	2/次		《输气管道工程设计规范》（GB 50251—2015） 6.7.2　每台压缩机组应设置下列安全保护装置： （1）压缩机气体进口应设置压力高限、低限报警和高限越限停机装置。 （2）压缩机气体出口应设置压力高限、低限报警和高限越限停机装置。 （3）压缩机的原动机（除电动机外）应设置转速高限报警和超限停机装置。	5.6.1.2	一般

序号	评价项目	标准分	查证方法	扣分条款	扣分标准	扣分	查 评 依 据	标准化	隐患级别
2.1.2	增压站（或称天然气压缩机站）	20	查阅运行日志、缺陷记录、检修台账，现场检查	③增压机报警和保护设置不完整，在保护故障状态下仍然运行	2/次		（4）启动气和燃料气管线应设置限流及超压保护设施。燃料气管线应设置停机或故障时的自动切断气源及排空设施。 （5）压缩机组油系统应有报警和停机装置。 （6）压缩机组应设置振动监控装置及振动高限报警、超限自动停机装置。 （7）压缩机组应设置轴承温度及燃气轮机透平进口气体温度监控装置、温度高限报警、超限自动停机装置。 （8）离心式压缩机应设置喘振检测及控制设施。 （9）压缩机组的冷却系统应设置报警或停车装置。 （10）压缩机组应设轴位移检测及报警装置	5.6.1.2	一般
2.1.3	压力容器（调压站，前置模块、增压站）	50	现场检查，查阅检修记录、缺陷记录、压力容器台账	①压力容器未按规定定期检验、登记取证；对技术设计资料不齐全的压力容器未及时更换	2/次		《防止电力生产事故的二十五项重点要求》（国能安全〔2014〕161号） 7.3.4 在订购压力容器前，应对设计单位和制造厂商的资格进行审核，其供货产品必须附有"压力容器产品质量证明书"和制造厂所在地锅炉压力容器监检机构签发的"监检证书"。要加强对所购容器的质量验收，特别应参加容器水压试验等重要项目的验收见证。 7.4.1 压力容器投入使用必须按照《压力容器使用登记管理规则》（锅质检锅〔2003〕207号）办理注册登记手续，申领使用证。不按规定检验、申报注册的压力容器，严禁投入使用。 7.4.2 对其中设计资料不全、材质不明及经检验安全性能不良的老旧容器，应安排计划进行更换		一般
				②检验不合格未处理，检验项目不全、超过检验周期未安排检验	3/次		《防止电力生产事故的二十五项重点要求》（国能安全〔2014〕161号） 7.4.3 使用单位对压力容器的管理，不仅要满足特种设备的法律法规技术性条款的要求，还要满足有关特种设备在法律法规程序上的要求。定期检验有效期届满前1个月，应向压力容器检验机构提出定期检验要求		一般

序号	评价项目	标准分	查证方法	扣分条款	扣分标准	扣分	查 评 依 据	标准化	隐患级别
2.1.3	压力容器（调压站，前置模块、增压站）	50	现场检查，查阅检修记录、缺陷记录、压力容器台账	③新投用或检修后容器未进行气密性试验或试验不合格	2/处		中国华电集团公司《电力安全工作规程（热力和机械部分）（2013 年版）》 8.6.5　燃气系统在检修后应进行气密性试验，不合格的严禁投入使用。经严密性试验合格后的设备，不得再进行切割或松动法兰螺栓等，否则应重新进行试验		一般
				④安全附件不齐全，安全阀未整定或整定值不准确，未定期校验	1/处		《防止电力生产事故的二十五项重点要求》（国能安全〔2014〕161 号） 2.10.7　天然气系统中设置的安全阀，应做到启闭灵敏，每年至少委托有资格的检验机构检验、校验一次。压力表等其他安全附件应按其规定的检验周期定期进行校验		一般
				⑤停运两年以上的压力容器投运前未按规定检验	1/处		《防止电力生产事故的二十五项重点要求》（国能安全〔2014〕161 号） 7.3.3　停用超过两年以上的压力容器重新启用时要进行再检验，耐压试验确认合格才能启用		一般
				⑥全厂压力容器管理制度未涵盖天然气系统	2/处		《锅炉压力容器使用登记管理办法》（国质检锅〔2003〕207 号） 第七条　使用单位申请办理使用登记应当按照下列规定，逐台向登记机关提交锅炉压力容器及其安全阀、爆破片和紧急切断阀等安全附件的有关文件： （六）锅炉压力容器使用安全管理的有关规章制度		一般
2.1.4	过滤器、除湿器	30	现场检查，查阅运行记录、检修记录、缺陷记录、压力容器台账	①除湿器存在内部构件磨损、破裂、脱落缺陷无法有效气液分离未采取措施，机组仍然运行	3/次		《燃气轮机　气体燃料的使用导则》（JB/T 5886—1991） 3.3　气体燃料的处理： B1.5　气体燃料的杂质： B1.5.1　液态碳氢化合物：在进入燃气轮机燃料系统的气体燃料中，如含有任何液态碳氢化合物，都会使输入的热量发生很大的变化。严重情况下，燃烧中未燃尽的液滴会在正常火焰区之外产生火焰，这将损坏燃烧室和涡轮等热端部件		一般

序号	评价项目	标准分	查证方法	扣分条款	扣分标准	扣分	查 评 依 据	标准化	隐患级别
2.1.4	过滤器、除湿器	30	现场检查，查阅运行记录、检修记录、缺陷记录、压力容器台账	②过滤器由于破损或严重堵塞压差突然下降未采取措施，机组仍然运行	2/次		《燃气轮机 气体燃料的使用导则》（JB/T 5886—1991） 3.2.5 杂质气体燃料中的杂质是指会使燃料系统、燃烧室、涡轮及排气系统积垢、堵塞、磨损和腐蚀，从而使燃气轮机工作中断，或使燃气轮机性能降低或使系统维护工作量增大的物质		一般
				③连锁保护异常、压差大至报警值或仪表值不准确时，机组仍然运行	3/次		《城镇燃气设施运行、维护和抢修安全技术规程》（CJJ 51—2006） 3.3.5 压缩机、烃泵的运行、维护应符合下列规定：当有下列异常情况时应及时停车处理： （1）自动、连锁保护装置失灵； （3）压缩机运行压力高于规定压力； （4）指示仪表损坏或仪表显示数值不在规定范围内	5.6.1.2	一般
2.1.5	性能加热器、启动电加热器、水浴炉	30	查阅运行记录、检修记录、缺陷记录、压气容器台账，现场检查	①加热器存在管束破损、电热失效等缺陷影响加热效果或退出运行	2/次		燃气轮机制造厂技术要求及工艺规范 进燃机的天然气温度是燃机制造厂根据现场气源组分和燃机效率制定的，不可随意改变；天然气加热器（除大气式）热源介质压力应高于天然气压力，避免热交换器破损后天然气进入其他系统，引起爆炸		一般
				②新投用或检修后未进行气密性试验或试验不合格	3/次		中国华电集团公司《发电企业生产典型事故预防措施》 4.8.10 调压站、前置模块、燃气模块内容器、管道在检修后应进行气密性试验，不合格的严禁投入使用。经严密性试验合格后的燃气管路，不得进行切割或松动法兰螺栓等，否则应重新进行试验		一般
				③性能加热器、启动电加热器、水浴炉安全附件不齐全，安全阀未整定或整定值不准确，未进行定期校验，动作不灵敏	2/次		《防止电力生产事故的二十五项重点要求》（国能安全〔2014〕161 号） 2.10.7 天然气系统中设置的安全阀，应做到启闭灵敏，每年至少委托有资格的检验机构检验、校验一次。压力表等其他安全附件应按其规定的检验周期定期进行校验		一般

序号	评价项目	标准分	查证方法	扣分条款	扣分标准	扣分	查 评 依 据	标准化	隐患级别
2.1.6	排污系统（含调压站，前置模块、增压站）	20	查阅现场、检查台账记录	①天然气系统排污设置不符合规范	2/处		《天然气凝液回收设计规范》（SY/T 0077—2008） 4.1.7　各级冷却器和分离器应能满足可能出现的最大凝液量。各级分离器都应有自动排液措施，凝液应回收，不得就地排放。凝液的处理方法可以是降压后加热闪蒸法、逐级返回闪蒸法或提馏法等，应通过技术经济比较后选用		一般
				②天然气排污系统的废液未按规定收集处理	2/处		中国华电集团公司《电力安全工作规程（热力和机械部分）（2013 年版）》 8.4.5　对燃气系统排残液、排水装置应定期排放，排放的残液应专门统一收集处理		一般
2.1.7	天然气管道和阀门（含天然气阀组、调压站、前置模块、增压站）	70	查阅缺陷记录，现场重点检查	①新投用或检修后未进行气密性试验或泄漏试验	2/处		1. 中国华电集团公司《发电企业生产典型事故预防措施》 4.8.10　调压站、前置模块、燃气模块内容器、管道在检修后应进行气密性试验，不合格的严禁投入使用。经严密性试验合格后的燃气管路，不得进行切割或松动法兰螺栓等，否则应重新进行试验。 2.《工业金属管道工程施工规范》（GB 50235—2010） 7.5.5　输送剧毒流体、有毒流体、可燃流体的管道必须进行泄漏性试验。泄漏性试验应按下列规定进行： 7.5.5.1　泄漏性试验应在压力试验合格后进行，试验介质宜采用空气。 7.5.5.2　泄漏性试验压力应为设计压力。 7.5.5.3　泄漏性试验可结合试车工作，一并进行。 7.5.5.4　泄漏性试验应重点检验阀门填料、法兰或螺纹连接处、放空阀、排气阀、排水阀等。以发泡剂检验不泄漏为合格。 7.5.5.5　经气压试验合格，且在试验后未经拆卸过的管道可不进行泄漏性试验。		一般

序号	评价项目	标准分	查证方法	扣分条款	扣分标准	扣分	查 评 依 据	标准化	隐患级别
2.1.7	天然气管道和阀门（含天然气阀组、调压站、前置模块、增压站）	70	查阅缺陷记录，现场重点检查	①新投用或检修后未进行气密性试验或泄漏试验	2/处		3.《防止电力生产事故的二十五项重点要求》（国能安全〔2014〕161 号） 8.7.1 按燃气管理制度要求，做好燃气系统日常巡检、维护与检修工作。新安装或检修后的管道或设备应进行系统打压试验，确保燃气系统的严密性		一般
				②管道法兰和阀门存在泄漏点	3/处		中国华电集团公司《发电企业生产典型事故预防措施》 4.8.6 天然气系统的各调压门、安全门、控制门及隔绝门必须保证运行灵活、可靠、严密无泄漏		一般
				③调压阀工作不正常、调节性能不符合要求	3/处		《城镇燃气设施运行、维护和抢修安全技术规程》（CJJ 51—2006） 3.3.1 调压装置运行、维护应符合下列规定： 2. 调压器及附属设备的运行、维护： 1）清除各部位油污、锈斑，管路应畅通； 2）检查调压器，应无腐蚀和损伤，当发现问题时，应及时处理； 3）新投入运行和保养修理后的调压器，必须经过调试，达到技术标准后方可投入运行； 4）停气后重新启用调压器时，应检查进出口压力及有关参数； 5）过滤器接口应定期进行严密性检查、前后压差检查、排污及清洗		一般
				④没有防寒防冻措施或执行不严，调压设备受影响不能正常工作	2/只		《城镇燃气设计规范》（GB 50028—2006） 5.4.30 （3）调压装置流量和压差较大时，由于节流吸热效应，导致气体温度降低较多，常常引起管壁外结露或结冰，严重时冻坏装置，故规定应考虑是否设置加热装置		一般

序号	评价项目	标准分	查证方法	扣分条款	扣分标准	扣分	查 评 依 据	标准化	隐患级别
2.1.7	天然气管道和阀门（含天然气阀组、调压站、前置模块、增压站）	70	查阅缺陷记录、缺陷记录，现场重点检查	⑤天然气管道敷设不符合规定	2/处		《防止电力生产事故的二十五项重点要求》（国能安全〔2014〕161号） 8.7.14　严禁燃气管道从管沟内敷设使用。对于从房内穿越的架空管道，必须做好穿墙套管的严密封堵，合理设置现场燃气泄漏检测器，防止燃气泄漏引起意外事故		一般
				⑥天然气管未按规定设防静电接地装置	2/处		1.《石油天然气工程设计防火规范》（GB 50183—2015） 9.3.1　对爆炸、火灾危险场所内可能产生静电危险的设备和管道，均应采取防静电措施。 9.3.2　地上或管沟内敷设的石油天然气管道，在下列部位应设防静电接地装置： 1）进出装置或设施处。 2）爆炸危险场所的边界。 3）管道泵及其过滤器、缓冲器等。 4）管道分支处以及直线段每隔200m～300m处。 9.3.7　每组专设的防静电接地装置的接地电阻不宜大于100Ω。 2.《防止电力生产事故的二十五项重点要求》（国能安全〔2014〕161号） 2.10.10　天然气区域应有防止静电荷产生和集聚的措施，并设有可靠的防静电接地装置		一般
				⑦删除连接管道的法兰之间的电气传导不符合要求	2/处		《防止电力生产事故的二十五项重点要求》（国能安全〔2014〕161号） 2.10.12　连接管道的法兰连接处，应设金属跨接线（绝缘管道除外），当法兰用5副以上的螺栓连接时，法兰可不用金属线跨接，但必须构成电气通路		一般
2.1.8	天然气放散系统（含天然气阀组、调压站、前置模块、增压站）	20	查阅缺陷记录、设计图纸，现场检查	①天然气区域没有完备的集中放散系统	2/处		《城镇燃气设计规范》（GB 50028—2006） 5.4.30（8）当放散点较多且放散量较大时，可设置集中放散装置		一般

序号	评价项目	标准分	查证方法	扣分条款	扣分标准	扣分	查 评 依 据	标准化	隐患级别
2.1.8	天然气放散系统（含天然气阀组、调压站、前置模块、增压站）	20	查阅缺陷记录、设计图纸，现场检查	②放散系统设置不规范	2/处		中国华电集团公司《电力安全工作规程（热力和机械部分）（2013 年版）》 8.2.11 燃气放散管安全要求： 8.2.11.1 管道排气放散管、安全阀泄放管应接至放散竖管排入大气，不得就地排放。放散竖管排放速度不宜超过 20m/s，以 5min～10min 之内排空管内存气来确定放散管的直径。 8.2.11.2 应在燃气管道上合理设置放散管位置，放散管上应设快开阀。 8.2.11.3 放散管应采用金属材料，不得使用塑料管或橡皮管，并应采取稳管加固措施。 8.2.11.4 放散管出口高度应比附近建筑物屋面高出 2m 以上，且总高度不低于 10m，满足排放出去的燃气不至被吸入附近建筑物室内和通风装置内，严禁在放散竖管顶端装设弯管。 8.2.11.5 放散管应设阻火器；放散管应采用防静电接地，并在避雷保护范围内，且有防止雨雪侵入和外来异物堵塞放散管的措施		一般
2.1.9	氮气置换、吹扫系统（含天然气阀组、调压站、前置模块、增压站）	25	查阅图纸、缺陷记录，现场检查	①天然气区域的氮气置换、吹扫系统配备不完善	2/处		《燃气—蒸汽联合循环电厂设计规定》（DL/T 5174—2003） 7.2.5 （5）厂内天然气系统应设置用于气体置换的吹扫和取样接头及放散管等。根据布置或安全要求，放散管可单独设置，也可部分集中引至放空管。放空气体排入大气应符合环保和防火要求。防止被吸入通风系统、窗口或相邻建筑		一般
				②未按相关规定进行天然气系统氮气置换、吹扫	3/处		1. 中国华电集团公司《电力安全工作规程（热力和机械部分）（2013 年版）》 8.5 燃气系统置换 8.5.1 首次或大修后置换在强度试验、严密性试验、吹扫清管、干燥合格后进行。		一般

序号	评价项目	标准分	查证方法	扣分条款	扣分标准	扣分	查 评 依 据	标准化	隐患级别
2.1.9	氮气置换、吹扫系统（含天然气阀组、调压站、前置模块、增压站）	25	查阅图纸、缺陷记录，现场检查	②未按相关规定进行天然气系统氮气置换、吹扫	3/处		8.5.2　管道内空气应采用氮气或其他无腐蚀、无毒害性的惰性气体作为隔离介质。用氮气进行置换时应控制温度，向管道内注氮时，进入管道的氮气温度不宜低于 5℃。 8.5.3　置换空气时，惰性气体的隔离长度应保证到达置换管线末端的空气与燃气不混合。 8.5.4　置换过程中管道内气流速度不大于 5m/s。在排放燃气时，应从专门的排放管缓慢排出，以防止摩擦产生静电引起燃烧。 8.5.5　置换过程中，混合气体应排至放散系统放散掉，放散隔离区内不允许有烟火和静电火花产生。 8.5.6　当用惰性气体置换空气时，置换管道末端放散管口气体中含氧量不大于2%时，置换合格。 8.5.7　采用惰性气体置换燃气，应使用两台以上可燃气体检测仪连续 3 次测定燃气浓度，每次间隔不应少5min，当连续 3 次燃气浓度值均不大于爆炸下限的20%时，方可通入空气；当采取燃气置换惰性气体时，应连续 3 次测定燃气浓度均大于90%时，方可投入运行。 8.5.8　惰性气体置换燃气工作过程中，应做好防止惰性气体可能造成人员窒息伤害的危险点分析，并采取相应的防范措施。 8.5.9　置换燃气工作应制定专门的作业指导书或作业票，明确置换工作的安全措施、技术要求以及相关人员的工作职责和安全责任。使用燃气浓度仪和测爆仪的人员应经过培训，能熟练掌握该仪器，确保测量数据的准确性。 2.《防止电力生产事故的二十五项重点要求》（国能安全〔2014〕161 号） 8.7.5　严禁在运行中的燃气轮机周围进行燃气管系燃气排放与置换作业。 8.7.20　在天然气管道系统部分投入天然气运行的情况下，与充入天然气相邻的、以阀门相隔断的管道部分必须充入氮气，且要进行常规的巡检查漏工作		一般

序号	评价项目	标准分	查证方法	扣分条款	扣分标准	扣分	查 评 依 据	标准化	隐患级别
2.1.9	氮气置换、吹扫系统（含天然气阀组、调压站、前置模块、增压站）	25	查阅图纸、缺陷记录，现场检查	③气瓶、液瓶未按规定进行摆放，未采取防碰措施	2/处		中国华电集团公司《电力安全工作规程（热力和机械部分）（2013 年版）》 15.3.14 气瓶集装装置应有防止管路和阀门受到碰撞的防护装置；气瓶、管路、阀门和接头应经常维修保养，不得松动移位及泄漏。钢制无缝气瓶集装装置组装后应进行气密试验，试验介质为氮气，应无泄漏点		一般
2.1.10	天然气管道防腐绝缘（含天然气阀组、调压站、前置模块、增压站）	40	现场检查，查阅检修记录、设备台账	①埋地天然气管道未采取防腐绝缘和阴极保护措施	2/处		中国华电集团公司《电力安全工作规程（热力和机械部分）（2013 年版）》 8.6.7 地下燃气管道的外防腐涂层应根据土壤的腐蚀性、地下构筑物情况、环境条件、电保护要求等确定防腐措施及相应结构；输气管线应设置阴极保护装置，并定期进行检测。全线阴极保护电位应达到或低于−0.85V，管道阴极保护电位达不到规定要求的，应查明原因进行消除。经检测确认防腐层发生老化时，应及时处理		一般
				②未定期检测埋地天然气管道防腐绝缘和阴极保护情况	2/次		1.《城镇燃气设施运行、维护和抢修安全技术规程》（CJJ 51—2006） 3.2.3 地下燃气管道检查应符合下列规定： （1）泄漏检查可采用仪器检测或地面钻孔检查，可沿管道方向或从管道附近的阀井、窨井或地沟等地下构筑物检测。 （2）对设有电保护装置的管道，应定期做测试检查。 （3）运行中的管道第一次发现腐蚀漏气点后，应对该管道选点检查其防腐及腐蚀情况，针对实测情况制定运行、维护方案；管道使用 20 年后，应对其进行评估，确定继续使用年限，制定检测周期，并应加强巡视和泄漏检查。		一般

续表

序号	评价项目	标准分	查证方法	扣分条款	扣分标准	扣分	查 评 依 据	标准化	隐患级别
2.1.10	天然气管道防腐绝缘（含天然气阀组、调压站、前置模块、增压站）	40	现场检查，查阅检修记录、设备台账	②未定期检测埋地天然气管道防腐绝缘和阴极保护情况	2/次		2.《防止电力生产事故的二十五项重点要求》（国能安全〔2014〕161号） 8.7.6 做好在役地下燃气管道防腐涂层的检查与维护工作。正常情况下高压、次高压管道（0.4MPa＜p≤4.0MPa）应每3年一次。10年以上的管道每2年一次		一般
				③裸露或架空天然气管道无防腐绝缘层或防腐不符合相关规范	2/处		《城镇燃气设计规范》（GB 50028—2006） 5.7.1 钢质燃气管道和储罐必须进行防腐，其设计应考虑下列因素： （2）暴露在大气中的燃气管道和储罐的外防腐层应根据输送或储存燃气的温度、大气性质及大气含杂质成分等因素选用防腐性能良好的涂料及结构； 5.7.8 暴露在大气中的燃气管道和储罐内外表面防腐层应具有漆膜性能稳定、对金属表面附着力强、耐候性好、能耐弱酸、碱腐蚀等性能		一般
				④站外连接埋地管道处未按要求设置绝缘法兰	3/处		《钢质管道及储罐腐蚀评价标准 埋地钢质管道内腐蚀直接评价》（SY/T 0087.2—2012） 5.3.2 绝缘法兰或绝缘接头通常应在下列部位设置： 1）管道与井、站、库的连接处； 2）管道与管道或设备所有权的分界处； 3）支线管道与干线管道的连接处； 4）有防腐层的管道与裸管道的连接处； 5）管道大型穿、跨越段的两端； 6）有阴极保护和无阴极保护的分界处		一般
2.1.11	安全阀、放空阀、压力表阀（含天然气阀组、调压站、前置模块、增压站）	30	查阅系统图，查阅检修记录、设备台账，现场检查	①在调压站或增压站进、出口联络管或总管上阀门设置不规范	2/处		《原油天然气工程设计防火规范》（GB 50183—2015） 5.5.1 对于天然气处理厂或其他站场由气体而引起的火灾，扑救或灭火的最重要的最基本的措施是迅速切断气源。为此，在进出厂、站或装置的天然气总管上设置紧急切断阀，是确保能迅速切断气源的重要措施。为确保原料天然气系统的安全和超压泄放，在		一般

序号	评价项目	标准分	查证方法	扣分条款	扣分标准	扣分	查 评 依 据	标准化	隐患级别
2.1.11	安全阀、放空阀、压力表阀（含天然气阀组、调压站、前置模块、增压站）	30	查阅系统图，查阅检修记录、设备台账，现场检查	①在调压站或增压站进、出口联络管或总管上阀门设置不规范	2/处		装置或厂、站的天然气总管上的紧急切断阀之前，应设置越站旁路或设安全阀和紧急放空阀。切断阀的位置应放在安全可靠和方便操作的地方，是为当厂、站或装置发生火灾或泄漏事故时，能及时关闭而不受火灾等事故的影响。《美国飞马石油公司工程标准　防火—采油设施》（S 621—1977）规定：紧急切断阀距工厂的任何部分不小于 76.2m（250 英尺），也不大于 152.4m（500 英尺）。本规范对与切断阀生产装置的距离未作具体规定，但该阀门无论如何也不应布置在装置区内或靠近装置区的边缘。紧急切断阀应尽量设置自动操作和远程控制系统，以便在事故发生时能迅速关闭		一般
				②安全阀未按规定每年至少检验、校验一次	3/处		《防止电力生产事故的二十五项重点要求》（国能安全〔2014〕161 号） 2.10.7　天然气系统中设置的安全阀，应做到启闭灵敏，每年至少委托有资格的检验机构检验、校验一次。压力表等其他安全附件应按其规定的检验周期定期进行校验		一般
				③压力表等其他安全附件未按规定的检验周期定期进行校验	2/次		《防止电力生产事故的二十五项重点要求》（国能安全〔2014〕161 号） 2.10.7　天然气系统中设置的安全阀，应做到启闭灵敏，每年至少委托有资格的检验机构检验、校验一次。压力表等其他安全附件应按其规定的检验周期定期进行校验		一般
2.2	**天然气区域安全管理（含燃气轮机主要设备区域）**	210							
2.2.1	管理制度	50	查阅管理制度，现场检查	①燃气安全管理制度不健全	2/处		中国华电集团公司《电力安全工作规程（热力和机械部分）（2013 年版）》 8.4.4　应制定燃气安全技术操作规程和巡检制度。		一般

续表

序号	评价项目	标准分	查证方法	扣分条款	扣分标准	扣分	查 评 依 据	标准化	隐患级别
2.2.1	管理制度	50	查阅管理制度，现场检查	①燃气安全管理制度不健全	2/处		内容包括：系统工艺流程及技术指标，操作程序卡，定期维护和试验，异常情况处理措施，防冻、防堵、防凝安全要求，巡检和紧急疏散路线等		
				②生产区与办公区没有明显的分界标志，没有醒目的防火标志	2/处		《防止电力生产事故的二十五项重点要求》（国能安全〔2014〕161号） 2.10.3　天然气系统区域应建立严格的防火防爆制度，生产区与办公区应有明显的分界标志，并设有"严禁烟火"等醒目的防火标志		一般
				③燃气区域工作程序未按相关制度严格执行	2/处		1. 中国华电集团公司《电力安全工作规程（热力和机械部分）（2013年版）》 8.6.1　燃气系统设备开始检修工作前，应用惰性气体将燃气置换合格后，方可进行检修工作。如出现间断，每次开工前应再次测量燃气浓度，符合要求方可开工。 8.6.2　在燃气区域及周围30m范围内动火，应按规定办理动火工作票，测量燃气浓度合格后方可开始工作。动火过程中应定期检测燃气浓度。禁止在未经置换的燃气管道、设备上进行焊接或其他动火工作。应避免大风天气情况下，在燃气区域上风向进行动火作业。 8.6.3　进入燃气区域限制性空间或其他高浓度区作业前，应进行通风换气，使有毒气体含量小于规定值，含氧量保持在19.5%以上。工作前测量可燃气体含量，做好人员个体防护措施后方可进入。如作业区域内含氧量低于规定要求或含有毒气体，作业人员应使用正压式空气呼吸器具等防护装备。作业全过程，现场应有专人监护。 8.6.4　在未经置换的燃气系统进行作业时，应使用有色金属制成的工具；如使用钢制工具时，应采取防止产生火花的措施，如涂黄油、加铜垫等。		一般

序号	评价项目	标准分	查证方法	扣分条款	扣分标准	扣分	查 评 依 据	标准化	隐患级别
2.2.1	管理制度	50	查阅管理制度，现场检查	③燃气区域工作程序未按相关制度严格执行	2/处		2.《防止电力生产事故的二十五项重点要求》（国能安全〔2014〕161 号） 8.7.7 严禁在燃气泄漏现场违规操作。消缺时必须使用专用铜制工具，防止处理事故中产生静电火花引起爆炸		一般
				④未制订专项应急预案，未定期开展预案演练	5		1. 中国华电集团公司《电力安全工作规程（热力和机械部分）（2013 年版）》 8.2.9 应制订燃气系统专项应急预案和处置方案，并定期组织案演练。应急预案应至少包括燃气泄漏、火灾与爆炸、人员窒息中毒等。 2.《防止电力生产事故的二十五项重点要求》（国能安全〔2014〕161 号） 2.10.5 应定期对天然气系统进行火灾、爆炸风险评估，对可能出现的危险及影响应制订和落实风险削减措施，并应有完善的防火、防爆应急救援预案	5.6.1.3	一般
				⑤无燃气轮机主要设备区域火警现场处置方案	2/处		中国华电集团公司《电力安全工作规程（热力和机械部分）（2013 年版）》 8.2.9 应制订燃气系统专项应急预案和处置方案，并定期组织案演练。应急预案应至少包括燃气泄漏、火灾与爆炸、人员窒息中毒等		一般
				⑥燃气轮机主要设备区域现场处置方案类型不齐全	1/处		国家电力监管委员会《电力企业现场处置方案编制导则（试行）》 3 现场处置方案的编制要求： （1）电力企业应组织基层单位或部位针对特定的具体场所（如集控室、制氢站等）、设备设施（如汽轮发电机组、变压器等）、岗位（如集控运行人员、消防人员等），在详细分析现场风险和危险源的基础上，针对典型的突发事件类型（如人身事故、电网事故、设备事故、火灾事故等），制订相应的现场处置方案		一般

续表

序号	评价项目	标准分	查证方法	扣分条款	扣分标准	扣分	查评依据	标准化	隐患级别
2.2.2	动火工作票制度	30	对照缺陷记录，抽查10张工作票（小于10张全数查评）	①无动火工作票制度	3/处		中国华电集团公司《电力安全工作规程（热力和机械部分）（2013年版）》 8.7.6　在燃气轮机、燃气管道上及周围30m范围内动用明火，或进行有可能产生火花的作业，应按规定办理动火工作票	5.6.1.3	一般
				②未严格按规定划分区域执行一、二动火工作票	3/处		《电力设备典型消防规程》（DL 5027—2015） 5.1.1　根据火灾危险性、发生火灾损失、影响等因数将动火级别分为一级动火、二级动火两个级别。 5.1.2　火灾危险性很大，发生火灾造成后果很严重的部位、场所或设备应为一级动火区。 5.1.3　一级动火区以外的防火重点部位、场所或设备及禁火区域应为二级动火区		一般
				③动火作业前气体置换不规范	2/处		1. 中国华电集团公司《电力安全工作规程（热力和机械部分）（2013年版）》 8.7.5　燃气轮机组在开始检修之前，应完成燃料系统隔断，隔绝阀门应上锁并设置"禁止操作，有人工作"标志牌。燃气管道及系统应进行惰性气体置换至合格，燃油系统放尽存油。检修开工前，检修工作负责人应会同工作许可人检查燃机燃气管道确无燃气后，方可允许开工。在进行燃机检修期间，还要经常监视燃气隔绝点后天然气浓度以及压力。 2.《防止电力生产事故的二十五项重点要求》（国能安全〔2014〕161号） 8.7.11　在燃气系统附近进行明火作业时，应有严格的管理制度。明火作业的地点所测量空气含天然气应不超过1%，并经批准后才能进行明火作业，同时按规定间隔时间做好动火区域危险气体含量检测		一般

序号	评价项目	标准分	查证方法	扣分条款	扣分标准	扣分	查评依据	标准化	隐患级别
2.2.3	防雷、防火、防爆及消防	100	查阅缺陷记录，现场检查、询问	①现场未设置静电释放器	3/处		中国华电集团公司《发电企业生产典型事故预防措施》 4.8.9 调压站、前置模块入口处应装设置静电释放器，配置"触摸释放静电"指令标志牌；各种箱门亦应有防静电、防止产生火花的措施；应使用防爆型电气设备，电源线应密封在金属管内，并经气密性试验检查合格；电话应使用防爆型电话或将电话铃安装在室外		一般
				②防雷装置未按规定每年进行两次监测（其中在雷雨季节前监测一次）记录	2/次		《防止电力生产事故的二十五项重点要求》（国能安全〔2014〕161号） 2.10.11 天然气区域的设施应有可靠的防雷装置，防雷装置每年应进行两次监测（其中在雷雨季节前监测一次），接地电阻不应大于10Ω。 8.7.8 燃气调压站内的防雷设施应处于正常运行状态。每年雨季前应对接地电阻进行检测，确保其值在设计范围内，应每半年检测一次		一般
				③未按规定对天然气爆炸危险区域内其电气设施选型、安装和电气线路的布置	2/处		1.《爆炸危险环境电力装置设计规范》（GB 50058—2014） 5.2 爆炸性气体环境电气设备的选择应符合下列规定： 一、根据爆炸危险区域的分区、电气设备的种类和防爆结构的要求，应选择相应的电气设备。 二、选用的防爆电气设备的级别和组别，不应低于该爆炸性气体环境内爆炸性气体混合物的级别和组别。当存在有两种以上易燃性物质形成的爆炸性气体混合物时，应按危险程度较高的级别和组别选用防爆电气设备。 三、爆炸危险区域内的电气设备，应符合周围环境内化学的、机械的、热的、霉菌以及风沙等不同环境条件对电气设备的要求。电气设备结构应满足电气设备在规定的运行条件下不降低防爆性能的要求。		一般

续表

序号	评价项目	标准分	查证方法	扣分条款	扣分标准	扣分	查 评 依 据	标准化	隐患级别
2.2.3	防雷、防火、防爆及消防	100	查阅缺陷记录，现场检查、询问	③未按规定对天然气爆炸危险区域内其电气设施选型、安装和电气线路的布置	2/处		2.《防止电力生产事故的二十五项重点要求》（国能安全〔2014〕161号） 2.10.9 天然气爆炸危险区域内的设施应采用防爆电器，其选型、安装和电气线路的布置应按《爆炸和火灾危险环境电力装置设计规范》（GB 50058）执行，爆炸危险区域内的等级范围划分应符合《石油设施电器装置场所分类》（SY/T 0025）的规定		一般
				④消防设施不齐全，消防设施存在缺陷	2/处		中国华电集团公司《发电企业生产典型事故预防措施》 4.8.8 天然气调压站、前置模块应按规定配备足够的消防器材，并按时检查和试验。禁止将天然气系统的消防设施、安全标志移作他用。天然气放空管应布置在空旷处，应设置"严禁烟火"标示牌，必要时设置遮栏		一般
				⑤无消防车行驶的通道	2/处		中国华电集团公司《电力安全工作规程（热力和机械部分）（2013年版）》 2.3.34 厂内道路（包括上部有效空间）应随时保持畅通。在厂区主要路段应设置限速等交通标识。消防道路应建成环形，设环形道路有困难时，应设有回车道或回车场。应急通道不得随意占用和封闭		一般
				⑥机动车辆进入天然气系统区域，排气管未带阻火器	2/处		1. 中国华电集团公司《电力安全工作规程（热力和机械部分）（2013年版）》 8.2.10 机动车辆不得进入燃气区域内；必须进入的车辆须采取有效的防火措施（带阻火罩等），经有关部门批准后，在相关人员的监护下入内。禁止非防爆型电瓶车进入燃气区域。		一般

序号	评价项目	标准分	查证方法	扣分条款	扣分标准	扣分	查 评 依 据	标准化	隐患级别
2.2.3	防雷、防火、防爆及消防	100	查阅缺陷记录，现场检查、询问	⑥机动车辆进入天然气系统区域，排气管未带阻火器	2/处		2.《防止电力生产事故的二十五项重点要求》（国能安全〔2014〕161 号） 8.7.15 严禁未装设阻火器的汽车、摩托车、电瓶车等车辆在燃气轮机的警示范围和调压站内行驶		
				⑦未制订灭火救援预案，定期演练	3/处		中国华电集团公司《电力安全工作规程（热力和机械部分）（2013 年版）》 8.2.9 应制订燃气系统专项应急预案和处置方案，并定期组织案演练。应急预案应至少包括燃气泄漏、火灾与爆炸、人员窒息中毒等	5.6.1.3	一般
				⑧明知相关规定，天然气区域内仍然冒险使用汽油、轻质油、苯类溶剂等擦地面、设备和衣物	2/次		《防止电力生产事故的二十五项重点要求》（国能安全〔2014〕161 号） 2.10.15 天然气区域内不应使用汽油、轻质油、苯类溶剂等擦地面、设备和衣物		一般
				⑨进行动火、动土、进入有限空间等特殊作业时，未按照作业许可的规定，办理作业许可	2/次		《防止电力生产事故的二十五项重点要求》（国能安全〔2014〕161 号） 2.10.8 在天然气管道中心两侧各 5m 范围内，严禁取土、挖塘、修渠、修建养殖水场、排放腐蚀性物质、堆放大宗物资、采石、建温室、垒家畜棚圈、修筑其他建（构）物或者种植深根植物，在天然气管道中心两侧或者管道设施场区外各 50m 范围内，严禁爆破、开山和修建大型建（构）筑物。 2.10.16 天然气区域需要进行动火、动土、进入有限空间等特殊作业时，应按照作业许可的规定，办理作业许可		一般
				⑩模块区域无围栏，无警告标志牌，无消防管理制度，无静电释放器	2/处		中国华电集团公司《电力安全工作规程（热力和机械部分）（2013 年版）》 8.2.3 燃机电厂内应划定燃气区域，燃气区域应设置栅栏或隔断，栅栏门关闭上锁，并设置"未经许可 不得入内""禁止烟火"等明显的警告标志牌和相应的燃气消防安全管理制度，入口处应装设静电释放器		一般

序号	评价项目	标准分	查证方法	扣分条款	扣分标准	扣分	查 评 依 据	标准化	隐患级别
2.2.4	防火花工器具	30	现场检查，查阅运行操作记录	①未配置防静电劳动防护用品、防火花工具、防爆照明灯等安全工器具	2/件		中国华电集团公司《电力安全工作规程（热力和机械部分）（2013年版）》 8.1.2.4 工作人员应配置并使用符合国家安全技术规范要求的手工和电动工器具、各类电测仪表和防静电服装、防静电鞋工人劳动防护用品等。确保检修作业和运行操作符合安全规范		一般
				②安全工器具未按规定定期校验，对不符合安全标准的工器具未及时办理报废手续	2/件		中国华电集团公司《电力安全工作规程（热力和机械部分）（2013年版）》 19.2.7 安全工器具必须定期检验，经检验合格张贴合格证后方可使用。严禁使用不合格的安全工器具。 19.2.8 对不符合安全技术标准的安全工器具应予报废，已报废的安全工器具应及时清理并销毁		一般
				③天然气区域操作时未按规定使用安全工器具	3/次		《防止电力生产事故的二十五项重点要求》（国能安全〔2014〕161号） 2.10.13 在天然气易燃易爆区域内进行作业时，应使用防爆工具，并穿戴防静电服和不带铁掌的工鞋。禁止使用手机等非防爆通信工具。 8.7.16 运行、点检人员巡检燃气系统时，必须使用防爆型的照明工具、对讲机，操作阀门尽量用手操作，必要时应用铜制阀门把钩进行。严禁使用非防爆型工器具作业		一般
2.3	运行管理	135							
2.3.1	天然气区域出入管理	15	检查出入登记、运行记录	①无天然气区域出入登记	2/次		中国华电集团公司《电力安全工作规程（热力和机械部分）（2013年版）》 8.2.8 燃气区域应制定出入制度，非值班人员进入燃气区域应进行登记，不得携带非防爆型电动工具，应关闭随身携带的无线通信设备，交出火种，触摸静电释放装置去除人体静电，禁止穿钉有铁掌的鞋子和容易产生静电火花的化纤服装进入燃气区域		一般

序号	评价项目	标准分	查证方法	扣分条款	扣分标准	扣分	查 评 依 据	标准化	隐患级别
2.3.1	天然气区域出入管理	15	检查出入登记、运行记录	②进入天然气区域工作未执行工作票或未登记	1/次		1. 中国华电集团公司《电力安全工作规程（热力和机械部分）（2013 年版）》 8.2.8 燃气区域应制定出入制度，非值班人员进入燃气区域应进行登记。 2.《防止电力生产事故的二十五项重点要求》（国能安全〔2014〕161 号） 2.4.4 油区、油库必须有严格的管理制度。油区内明火作业时，必须办理明火工作票，并应有可靠的安全措施。对消防系统应按规定定期进行检查试验		一般
2.3.2	天然气系统气体置换工作	30	查阅作业指导书、运行日志、运行记录	①无气体置换作业指导书或操作票，燃气浓度仪使用人员未经培训	2/处		中国华电集团公司《电力安全工作规程（热力和机械部分）（2013 年版）》 8.5.9 置换天然气工作应制定专门的作业指导书或作业票，明确置换工作的安全措施、技术要求及相关人员的工作职责和安全责任。使用燃气浓度仪和测爆仪的人员应经过培训，熟练掌握该仪器，确保测量数据的准确性		一般
				②作业指导书或操作票无危险点分析和预控措施	3/处		中国华电集团公司《电力安全工作规程（热力和机械部分）（2013 年版）》 3.2.7.3 实施具体检修任务前，应分析、辨识工作任务全过程可能存在的危险点，并制定风险控制措施，填入工作票	5.6.1.3	一般
				③置换过程中未按规定进行检测和操作	2/次		1. 中国华电集团公司《电力安全工作规程（热力和机械部分）（2013 年版）》 8.5.7 采用惰性气体置换燃气，应使用两台以上可燃气体检测仪连续 3 次测定燃气浓度，每次间隔不应少于 5min，当连续 3 次燃气浓度值不大于爆炸下限 20% 时，方可通入空气；当采取燃气置换惰性气体时，应连续 3 次测定燃气浓度均大于 90% 时，方可投入运行。		一般

续表

序号	评价项目	标准分	查证方法	扣分条款	扣分标准	扣分	查 评 依 据	标准化	隐患级别
2.3.2	天然气系统气体置换工作	30	查阅作业指导书、运行日志、运行记录	③置换过程中未按规定进行检测和操作	2/次		2.《防止电力生产事故的二十五项重点要求》（国能安全〔2014〕161号） 8.7.11 在燃气系统附近进行明火作业时,应有严格的管理制度。明火作业的地点所测量空气含天然气应不超过1%,并经批准后才能进行明火作业,同时按规定间隔时间做好动火区域危险气体含量检测		
2.3.3	防止天然气系统着火爆炸事故执行情况	90	查阅运行规程、运行日志、运行记录、紧急预案	①未定期对天然气系统进行火灾、爆炸风险评估	2/次		《防止电力生产事故的二十五项重点要求》（国能安全〔2014〕161号） 2.10.5 应定期对天然气系统进行火灾、爆炸风险评估,对可能出现的危险及影响应制定和落实风险削减措施,并应有完善的防火、防爆应急救援预案		一般
				②未按规定对天然气区域设备定期查漏	2/次		1.中国华电集团公司《电力安全工作规程（热力和机械部分)(2013年版)》 8.4.3 对燃气系统应定期查漏,发现异常应立即汇报处理。 2.《防止电力生产事故的二十五项重点要求》（国能安全〔2014〕161号） 8.7.9 新安装的燃气管道应在24h之内检查一次,并应在通气后的第一周进行一次复查,确保管道系统燃气输送稳定安全可靠		一般
				③天然气系统区域或空间存在通风缺陷,未及时处理或采取有效预防措施	5/次		《爆炸危险环境电力装置设计规范》（GB 50058—2014） 第2.2.4条 爆炸危险区域内的通风,其空气流量能使易燃物质很快稀释到爆炸下限值的25%以下时,可定为通风良好。采用机械通风在下列情况之一时,可不计机械通风故障的影响: 1)对封闭式或半封闭式的建筑物应设置备用的独立通风系统;	5.6.1.3	一般

序号	评价项目	标准分	查证方法	扣分条款	扣分标准	扣分	查 评 依 据	标准化	隐患级别
2.3.3	防止天然气系统着火爆炸事故执行情况	90	查阅运行规程、运行日志、运行记录、紧急预案	③天然气系统区域或空间存在通风缺陷，未及时处理或采取有效预防措施			2）在通风设备发生故障时，设置自动报警或停止工艺流程等确保能阻止易燃物质释放的预防措施，或使电气设备断电的预防措施		
				④天然气系统区域无防火、防爆应急救援预案；未定期组织预案演练，预案内容不齐全	3/处		中国华电集团公司《电力安全工作规程（热力和机械部分）（2013 年版）》 8.2.9 应制订燃气系统专项应急预案和处置方案，并定期组织预案演练。应急预案应至少包括燃气泄漏、火灾与爆炸、人员窒息中毒等	5.6.1.3	一般
				⑤未经许可，在天然气管道区域周围施工作业	5/处		《防止电力生产事故的二十五项重点要求》（国能安全〔2014〕161 号） 2.10.16 天然气区域需要进行动火、动土、进入有限空间等特殊作业时，应按照作业许可的规定，办理作业许可		一般
				⑥机组大中修期间，未对燃气轮机间及燃料阀组间天然气系统进行气密性试验；违禁使用天然气做气密性试验	2/处		《防止电力生产事故的二十五项重点要求》（国能安全〔2014〕161 号） 8.7.18 应结合机组检修，对燃气轮机仓及燃料阀组间天然气系统进行气密性试验，以对天然气管道进行全面检查。 8.7.19 停机后，禁止采用打开燃料阀直接向燃气轮机透平输送天然气的方法进行法兰找漏等试验检修工作		一般
				⑦进入燃气系统区域未穿防静电工作服，火种、通信设备和电子产品未按规定收缴、保存	2/处		《防止电力生产事故的二十五项重点要求》（国能安全〔2014〕161 号） 8.7.10 进入燃气系统区域（调压站、燃气轮机）前应先消除静电（设防静电球），必须穿防静电工作服，严禁携带火种、通信设备和电子产品		一般

序号	评价项目	标准分	查证方法	扣分条款	扣分标准	扣分	查评依据	标准化	隐患级别
2.3.3	防止天然气系统着火爆炸事故执行情况	90	查阅运行规程、运行日志、运行记录、紧急预案	⑧天然气区域有油污、杂草、易燃易爆物未及时清理	2/处		《防止电力生产事故的二十五项重点要求》（国能安全〔2014〕161号） 2.10.17　天然气区域应做到无油污、无杂草、无易燃易爆物，生产设施做到不漏油、不漏气、不漏电、不漏火		一般
				⑨未严格执行天然气区域机动车管理制度	5		《防止电力生产事故的二十五项重点要求》（国能安全〔2014〕161号） 2.10.14　机动车辆进入天然气系统区域，排气管应带阻火器		一般
3	空气进气系统（进气室、进气防冰加热装置、差压保护旁路门、进气除湿装置、风道消声装置、自动排灰装置、内部照明）	85	查阅运行记录、缺陷记录、检修记录、设备台账、现场检查、询问	①差压保护旁路门未加防护网，影响安全运行（不适用没有旁路门的系统）	85		燃气轮机制造厂家技术要求及工艺规范 对于设计有旁路门空气进气过滤装置，燃机运行滤网差压保护旁路门打开时，外围应有防护网保护，避免外物被吸入燃机压气机内造成透平损坏		重大
				②进气滤网滤芯有破损，未及时进行更换	85		《防止电力生产事故的二十五项重点要求》（国能安全〔2014〕161号） 8.6.12　发生下列情况之一，严禁机组启动： （2）压气机进口滤网破损或压气机进气道可能存在残留物		重大
				③进气系统差压保护故障，未投入	5/次		燃机制造厂技术要求及燃机运行规程 进气系统内每一项具有报警、保护的设备都应能正常投入运行和性能良好	5.6.1.2	一般
				④进气加热系统投运不正常	5/次		1. 中国华电集团公司《发电企业生产典型事故预防措施》 12.5.5（4）进气抽气加热阀应具有良好的调节特性，能根据机组运行不同工况，按照逻辑设定正确的调节开度。在进气抽气加热阀存在卡涩、反馈与指令偏差大及响应时间异常情况下，机组应禁止启动。		一般

序号	评价项目	标准分	查证方法	扣分条款	扣分标准	扣分	查 评 依 据	标准化	隐患级别
3	空气进气系统（进气室、进气防冰加热装置、差压保护旁路门、进气除湿装置、风道消声装置、自动排灰装置、内部照明）	85	查阅运行记录、缺陷记录、检修记录、设备台账，现场检查、询问	④进气加热系统投运不正常	5/次		2．《燃气轮机辅助设备通用技术要求》（GB/T 15736—1995） 13.3.10.1 防冰报警的功能是进气系统进口出现结冰危害时发出声光警报，提醒操作人员注意并采用相应措施消除结冰危险。选择的防冰传感器必须性能可靠，以提供准确的报警时间并尽量避免误报		
				⑤未定期对进气滤网进行检查	5/次		中国华电集团公司《发电企业生产典型事故预防措施》 12.5.6 定期检查燃机进气滤网，确认滤网完整，防止空气中的杂质对压气机叶片的冲蚀、腐蚀及结垢，对压气机进气滤网应定期反吹；进气滤网压差突然变小时，应停机检查进气室，防止滤网破裂，致使异物进入压气机。压气机进口滤网更换后，应进行透光检查，对滤芯前后空间进行清理，保证无杂物遗留		一般
				⑥未定期对风道内进气加热管（或排管）支撑部位、消声装置进行检查记录	2/处		燃气轮机制造厂家技术要求及工艺规范 定期对气加热管（或排管）支撑部位、消声板的焊口裂纹检查、处理，避免局部脱落造成燃机压气机透平损坏		一般
				⑦未定期对自动排灰装置检查	5		燃气轮机制造厂家技术要求及工艺规范 在风沙较大的地区和季节，应及时检查自动排灰装置，保证其工作正常		一般
				⑧未定期对进气除湿装置检查、清洗或更换	3/处		燃气轮机制造厂家技术要求及工艺规范 定期对进气除湿装置进行清理、检查，避免造成滤芯严重受潮，压差突然增大，引起机组减负荷，甚至滤芯破损造成压气机透平损坏		一般
				⑨自动反清吹系统工作不正常	2/处		燃气轮机制造厂家技术要求及工艺规范 定期检查自动反清吹系统及反吹气体(用压气机抽气)干燥系统工作正常		一般

序号	评价项目	标准分	查证方法	扣分条款	扣分标准	扣分	查 评 依 据	标准化	隐患级别
3	空气进气系统（进气室、进气防冰加热装置、差压保护旁路门、进气除湿装置、风道消声装置、自动排灰装置、内部照明）	85	查阅运行记录、缺陷记录、检修记录、设备台账、现场检查、询问	⑩进气室内部照明线缆套管、接口、灯罩封闭性不完好	2/处		燃气轮机制造厂家技术要求及工艺规范 根据进气室防火要求检查线缆套管、接口、灯罩的封闭状态良好，避免线路火险造成进气室内的空气过滤网燃烧		一般
				⑪进入压气机进气室和进气通道内工作时，未遵守相关规定	2/次		中国华电集团公司《电力安全工作规程（热力和机械部分）（2013年版）》 8.9.5 进入压气机进气室和进气通道内工作时，应穿无扣连体服，防止异物遗留。确认进气室和通道内已无人后，方可关闭人孔门。 8.9.6 压气机进气小室更换滤网，应遵守下列一般规定： 8.9.6.1 禁止在机组运行或高速盘车状态下进行滤网更换工作，防止滤网拆除时杂质被吸入压气机内部。 8.9.6.2 为防止滤网反吹系统误动对工作人员造成伤害，更换滤网时应隔绝反吹气源。 8.9.6.3 更换滤网工作结束以后，应清理场地，防止异物残留。 8.9.6.4 严禁在进气滤网小室内从事动火工作，以免滤芯发生燃烧。如确需进行动火作业，需制订专项安全措施，并在现场配备灭火器材。 8.9.6.5 压气机进口滤芯更换后应进行透光检查，对滤芯前后空间进行清理，保证无杂物遗留		一般
4	燃气轮机排气系统（排气扩散段、轴承隧道）	40	查阅运行日志、检修记录、缺陷记录及现场检查询问	①燃气轮机水平排气烟道、膨胀节存在漏气现象	2/台		《燃气轮机辅助设备通用技术要求》（GB/T 15736—1995） 14.2.5 管道：排气管道的尺寸应与整个排气系统总压降值协调一致，并符合供方要求的燃机总效率。管道的总体布置尽量少折转拐弯，必要时加装导流片，并且不使管道邻近的设备和结构过热。管道的截面避免突然变化以保持一定的排气速度。排气管道要求： a）排放通畅；		一般

序号	评价项目	标准分	查证方法	扣分条款	扣分标准	扣分	查 评 依 据	标准化	隐患级别
4	燃气轮机排气系统（排气扩散段、轴承隧道）	40	查阅运行日志、检修记录、缺陷记录及现场检查询问	①燃气轮机水平排气烟道、膨胀节存在漏气现象	2/台		b）不存在沉积外物的角落； c）易于检查； d）耐腐蚀及高温侵蚀； e）气密性好； f）内部紧固件不得松动		一般
				②排气烟道支撑、隔热板存在脱焊、松动、脱离现象	2/处		燃气轮机制造厂家技术要求及工艺规范		一般
				③轴承隧道内保温存在松动、脱落及超温现象	2/次		燃气轮机制造厂家技术要求及工艺规范		一般
				④燃气轮机排气通道内工作时，未遵守相关规定	2/次		中国华电集团公司《电力安全工作规程（热力和机械部分）（2013 年版）》 8.9.9 燃机排气热电偶出现故障，停机更换元件时，扩压间仓门应设专人监护；检修人员应穿长袖工作服，并戴手套施工，以防止烫伤；在竖梯上施工时应系好安全带，防止高处坠落。 8.9.10 燃机排气通道内检修开始前，应测量可燃气体浓度合格，工作时设专人监护，燃气未置换时禁止进行燃料阀门校调试验。动火工作时应办理一级动火工作票		一般
5	罩壳与通风系统（燃机间、负荷联轴间、变速齿轮间、排气扩散段间、燃料控制模块间、发电机隔声间、润滑油隔间及通风系统）	70	查阅运行日志、检修记录、缺陷记录及现场检查询问	①隔间冷却风机存在过载、风量不足等隐患，未及时处理	2/个		《爆炸危险环境电力装置设计规范》（GB 50058—2014） 2.2.4 爆炸危险区域内的通风，其空气流量能使易燃物质很快稀释到爆炸下限值的25%以下时，可定为通风良好。采用机械通风在下列情况之一时，可不计机械通风故障的影响： 1）对封闭式或半封闭式的建筑物应设置备用的独立通风系统； 2）在通风设备发生故障时，设置自动报警或停止工艺流程等确保能阻止易燃物质释放的预防措施，或使电气设备断电的预防措施		一般

续表

序号	评价项目	标准分	查证方法	扣分条款	扣分标准	扣分	查 评 依 据	标准化	隐患级别
5	罩壳与通风系统（燃机间、负荷联轴间、变速齿轮间、排气扩散段间、燃料控制模块间、发电机隔声间、润滑油隔间及通风系统）	70	查阅运行日志、检修记录、缺陷记录及现场检查询问	②机组运行期间存在隔间罩壳拆除、破损未及时装复和修复现象	2/处		燃气轮机制造厂家技术要求及工艺规范 隔间罩壳的完好密封性和风机流量的充足，是其隔间中的设备冷却、膨胀达到设计要求以及泄漏气体能被及时带走所必须具备的基本条件		一般
				③出现隔间进风导向板松动、脱落，未及时处理	2/处		燃气轮机制造厂家技术要求及工艺规范 为避免隔间罩壳中存在集聚气体的死角，同时为保证其中设备冷却、膨胀均匀，制造厂对隔间罩壳进风口设计了专用导向板，引导隔间内的气流走向		一般
				④启罩壳门及燃气轮机间冷却风机管理不严格	5/次		《防止电力生产事故的二十五项重点要求》（国能安全〔2014〕161号） 8.6.10 燃气轮机停止运行投盘车时，严禁随意开启罩壳各处大门和随意开燃气轮机间冷却风机，以防止因温差大引起缸体收缩而使压气机刮缸。在发生严重刮缸时，应立即停运盘车，采取闷缸措施48h后，尝试手动盘车，直至投入连续盘车		一般
				⑤罩壳隔声不符合要求	5/处		《工业企业噪声卫生标准（试行草案）》 第五条 工业企业的生产车间和作业场所的工作地点的噪声标准为85 dB（A）。现有工业企业经过努力暂时达不到标准时，可适当放宽，但不得超过90dB（A）		一般
				⑥机组运行中燃机间、扩压间、燃气模块仓门未关闭	2/扇		中国华电集团公司《电力安全工作规程（热力和机械部分）（2013年版）》 8.8.1 燃气轮机运行中，轮机间、扩压间、燃气模块仓门应关闭；CO$_2$灭火系统应正常投用，CO$_2$灭火系统故障无法投用时禁止启动燃气轮机。燃气轮机各冷却、通风风机应正常投入，燃气轮机运行中燃机间等高温区域不得残留有任何可燃物		一般

序号	评价项目	标准分	查证方法	扣分条款	扣分标准	扣分	查 评 依 据	标准化	隐患级别
5	罩壳与通风系统（燃机间、负荷联轴间、变速齿轮间、排气扩散段间、燃料控制模块间、发电机隔声间、润滑油隔间及通风系统）	70	查阅运行日志、检修记录、缺陷记录及现场检查询问	⑦机组运行中未办理任何审批手续，以及未采取防护措施强行进入燃机间工作	2/次		中国华电集团公司《电力安全工作规程（热力和机械部分）（2013 年版）》 8.9.3　运行中禁止进入燃机轮机间，以免被烫伤，或因 CO_2 灭火系统动作导致窒息伤害。如机组运行中确需进入轮机间，应根据环境情况做好安全措施，并得到主管生产的领导（总工程师）批准后方可进入。 8.9.3.1　在进入轮机间前，应对小室内气体含量进行检测，含氧量应在 19.5%以上，可燃气体含量符合要求后，方可进入。 8.9.3.2　确认轮机间通风系统和消防系统工作正常。如果轮机间通风故障或消防报警，应迅速撤离小室。 8.9.3.3　现场监护人员与进入轮机间的人员、控制室的操作人员保持不中断的通信联系，一旦控制室内人员发现异常，小室内工作的人员应立即撤离。 8.9.3.4　进入小室应限制在离小室出口门方圆在 1.5m 以内。工作区域离出口的通道应无任何障碍。如有需要，使用伸长杆进行调试或泄漏检查。 8.9.3.5　在检查过程中，确保出入轮机间的通道通畅，并在门口设专人监护。 8.9.3.6　工作完成后，应清理现场，人员和物品全部撤出，方可关闭所有轮机间的门		一般
6	冷却密封系统（压气机抽气密封、冷却系统）	35	查阅运行日志、检修记录、缺陷记录及现场询问	①压气机防喘阀存在卡涩现象，导致机组启停异常	5/次		中国华电集团公司《电力安全工作规程（热力和机械部分）（2013 年版）》 8.8.8　防止压气机出现喘振情况，在机组运行的各阶段，检查 IGV 能按照逻辑设定正确调节开度，无卡涩现象。一旦发现 IGV 开度异常，应根据情况立即暂停启停操作，及时处理。机组启动时若发现防喘阀无法正常开启，应立即停机处理		一般

序号	评价项目	标准分	查证方法	扣分条款	扣分标准	扣分	查 评 依 据	标准化	隐患级别
6	冷却密封系统（压气机抽气密封、冷却系统）	35	查阅运行日志、检修记录、缺陷记录及现场询问	②未定期进行防喘阀动作试验	2/次		中国华电集团公司《发电企业生产典型事故预防措施》 12.5.5　防止出现压气机喘振： （2）防喘阀应具有良好的开、关特性，做好防喘阀及执行机构的日常维护工作，定期进行动作试验，根据动作信号开关到位，无卡涩现象，确保运行中阀门及反馈动作灵活正确。机组启动时，发现防喘阀无法正常开启，应立即停机处理。防喘阀所用控制气品质应合格		一般
				③未定期对冷却、密封空气系统进行泄漏检查	2/次		燃气轮机制造厂家技术要求及工艺规范 对于启停频繁（每周启停3次以上）的机组，应定期对燃气轮机抽气、密封管的法兰、盖板、堵头以及低点放水管接头进行检查，及时消除泄漏点，避免燃机隔间温度高引起火警探头和点火器线路损坏		一般
7	CO₂消防系统（含火警检测器、CO₂喷嘴、CO₂存储容器及管道阀门，针对燃机设备厂家特定的区域消防保护）	45	查阅运行日志、检修记录、缺陷记录及现场检查询问	①机组运行中CO₂消防系统未投用或部分区域被强制隔离	45		中国华电集团公司《电力安全工作规程（热力和机械部分）（2013年版）》 8.8.1　燃气轮机运行中，轮机间、扩压间、燃气模块仓门应关闭；CO₂灭火系统应正常投用，CO₂灭火系统故障无法投用时禁止启动燃气轮机。燃气轮机各冷却、通风风机应正常投入，燃气轮机运行中燃机间等高温区域不得残留任何可燃物		重大
				②燃机间风机挡板及动作机构存在缺陷，关闭不严密	2/处		燃气轮机制造厂家技术要求及工艺规范 每次大修或中修结束后都应对隔间冷却风机风门的密闭性进行检查，确保CO₂喷放时能满足制造厂的要求：隔间内达到CO₂浓度/时间		一般
				③运行期间CO₂存储容器重量或液位低于规定值	5/项		燃气轮机制造厂家技术要求及工艺规范 CO₂存储容器重量或最低液位是满足所有CO₂灭火区域同时喷射时的灭火浓度要求，对于CO₂灭火区域不同燃机制造厂有不同的设计，一般包括燃气轮机隔间、燃机模块隔间、油模块隔间及发电机隔间		一般

序号	评价项目	标准分	查证方法	扣分条款	扣分标准	扣分	查 评 依 据	标准化	隐患级别
7	**CO_2 消防系统（含火警检测器、CO_2 喷嘴、CO_2 存储容器及管道阀门，针对燃机设备厂家特定的区域消防保护）**	45	查阅运行日志、检修记录、缺陷记录及现场检查询问	④CO_2 消防系统未按规定周期和检验项目进行检测	3/项		中国华电集团公司《电力安全工作规程（热力和机械部分）（2013 年版）》 8.7.1 燃气轮机组应设置全淹没气体灭火系统，并装设火灾自动探测报警系统和可燃气体泄漏报警装置，定期检测，保持系统性能良好		一般
				⑤新投产或大中修后未对封闭 CO_2 灭火区域进行喷放试验	2/处		《燃气轮机辅助设备的通用技术要求》（GB/T 15736—1995） 11.7 采用二氧化碳作为灭火剂的防火系统，应满足下列要求： （1）二氧化碳释放时，应使密封空间的含氧量从 21%减少到低于 15%。 （2）透平间在灭火时空间二氧化碳的浓度应达到 34%。辅机间应达到 50%。 （3）透平间内的燃烧室区段、轴承油路、管道区域，灭火剂喷射浓度应在喷射后的 1min 内达到 34%。为避免复燃，应有延续释放装置逐步补充灭火剂，使其在一段时间内能保持 30%的浓度。 （4）辅机间在灭火剂喷射后的 1min 内，其初始浓度应达到 50%，延续装置应使其在至少 10min 的时间内，保持 30%的浓度		一般
8	**可燃气体检测系统（指 CO_2 消防隔间、主厂房内、调压站、前置模块的设备和空间区域）**	25	查阅运行及检修记录、缺陷记录及现场询问	①未按规定投用可燃气体检测保护系统	25		中国华电集团公司《电力安全工作规程（热力和机械部分）（2013 年版）》 8.8.2 燃气轮机运行中，危险气体检测系统应投用并各检测器工作正常。危险气体检测系统故障或危险气体浓度高报警时，应禁止启动机组	5.6.1.2	重大
				②未对可燃气体探头定期检查，未对便携式可燃气体检测仪进行年检，未建立检验记录台账	3/个		1. 中国华电集团公司《电力安全工作规程（热力和机械部分）（2013 年版）》 8.2.6 燃气区域内的危险气体探头应保证灵敏、可靠，并定期检查维护。一般一级报警值低于或等于燃		一般

序号	评价项目	标准分	查证方法	扣分条款	扣分标准	扣分	查 评 依 据	标准化	隐患级别
8	可燃气体检测系统（指 CO_2 消防隔间、主厂房内、调压站、前置模块的设备和空间区域）	25	查阅运行及检修记录、缺陷记录及现场询问	②未对可燃气体探头定期检查，未对便携式可燃气体检测仪进行年检，未建立检验记录台账	3/个		气爆炸下限25%，如发现有燃气浓度报警，应立即进行确认和安排查漏工作，消除泄漏点。便携式可燃气体检测仪应按标准要求配齐，每年进行一次校验和维护，并建立台账。 2.《防止电力生产事故的二十五项重点要求》（国能安全〔2014〕161号） 8.7.4 加强对燃气泄漏探测器的定期维护，每季度进行一次校验，确保测量可靠，防止发生因测量偏差拒报而发生火灾爆炸		一般
				③可燃气体泄漏探测器布置未能覆盖所有火警危险区域	2/处		1.《燃气轮机辅助设备的通用技术要求》（GB/T 15736—1995） 11.1 对燃气轮机中有可能发生润滑油、燃料和电气设备起火的区域应提供防火设施。防火系统应能满足火警探测、灭火保护、防止火焰复燃的要求。 2.《防止电力生产事故的二十五项重点要求》（国能安全〔2014〕161号） 8.7.21 对于与天然气系统相邻的，自身不含天然气运行设备，但可通过地下排污管道等通道相连通的封闭区域，也应装设天然气泄漏探测器		一般
9	水洗及水洗排污系统（含在线水洗和离线水洗、水洗模块）	45	查阅化验报告、运行记录、检修及缺陷记录，现场检查	①在线和离线水洗系统无法正常投用	5		1. 燃气轮机制造厂家技术要求及工艺规范略 2.《防止电力生产事故的二十五项重点要求》（国能安全〔2014〕161号） 8.6.9 应按照制造商规范定期对压气机进行孔窥检查，防止空气悬浮物或滤后不洁物对叶片的冲刷磨损，或压气机静叶调整垫片受疲劳而脱落。定期对压气机进行离线水洗或在线水洗。定期对压气机前级叶片进行无损探伤等检查		一般

序号	评价项目	标准分	查证方法	扣分条款	扣分标准	扣分	查评依据	标准化	隐患级别
9	水洗及水洗排污系统（含在线水洗和离线水洗、水洗模块）	45	查阅化验报告、运行记录、检修及缺陷记录，现场检查	②未按规定对在线和离线水洗喷嘴的喷水状态进行检查	2/次		燃气轮机制造厂家技术要求及工艺规范 水洗喷嘴的喷水状态应符合制造厂要求，如喷水的雾化颗粒状况，特别是在线水洗，由于压气机动叶处于高速转动状态，水洗水的颗粒过大可能会直接损坏叶片		一般
				③存在水洗水质、洗涤液、水温不符合要求	2/次		1. 中国华电集团公司《电力安全工作规程（热力和机械部分）（2013 年版)》 8.8.12 压气机水洗时，冲洗水的水质和温度、环境温度、轮机温度等均应按制造厂家或运行规程要求。 2.《燃气轮机辅助设备的通用技术要求》（GB/T 15736—1995） 12.5 水洗可在燃气轮机正常运行或停机时进行，应根据清洗方式慎选清洗液。水洗系统采用的设备、管路应耐腐蚀。 12.5.1 根据需要应加热清洗液或使燃气轮机冷吹至适当的温度，使水洗清洗液不对叶片产生热冲击		一般
				④未建立压气机离线水洗参数对比记录	2/次		燃气轮机制造厂家技术要求及工艺规范 运行应建立长期的燃气轮机水洗记录台账，记录水洗前后燃气轮机的相关性能参数，并定期进行对比分析，评估水洗经济成本，动态调整指导运行水洗间隔		一般
10	燃气轮机油系统（适用分轴）	310							
10.1	润滑油系统及设备（交、直流润滑油泵及其自启动装置，油箱及其油位计、冷油器、油净化装置等）	30	查阅设备台账、检修记录、缺陷记录，现场检查	①交、直流润滑油泵联启、跳闸保护整定值不符合制造商要求，机组仍然投入运行	30		《防止电力生产事故的二十五项重点要求》（国能安全〔2014〕161 号） 8.4.6 润滑油压低报警、联启油泵、跳闸保护、停止盘车定值及测点安装位置应按照制造商要求整定和安装，整定值应满足直流油泵联启的同时必须跳闸停机。对各压力开关应采用现场试验系统进行校验，润滑油压低时应能正确、可靠地联动交流、直流润滑油泵		重大

序号	评价项目	标准分	查证方法	扣分条款	扣分标准	扣分	查 评 依 据	标准化	隐患级别
10.1	润滑油系统及设备（交、直流润滑油泵及其自启动装置，油箱及其油位计、冷油器、油净化装置等）	30	查阅设备台账、检修记录、缺陷记录，现场检查	②未制定防止冷油器切换阀发生阀芯脱落措施，存在影响机组安全运行的重大缺陷	30		《防止电力生产事故的二十五项重点要求》（国能安全〔2014〕161号） 8.4.2 润滑油冷油器制造时，冷油器切换阀应有可靠的防止阀芯脱落的措施，避免阀芯脱落堵塞润滑油通道导致断油、烧瓦	5.6.1.3	重大
				③主油箱油位测量及低油位跳机保护未达到三取二的保护要求，且未列入技改计划	3/条		《防止电力生产事故的二十五项重点要求》（国能安全〔2014〕161号） 8.4.9 应设置主油箱油位低跳机保护，必须采用测量可靠、稳定性好的液位测量方法，并采取三取二的方式，保护动作值应考虑机组跳闸后的惰走时间。机组运行中发生油系统泄漏时，应申请停机处理，避免处理不当造成大量跑油，导致烧瓦		一般
				④油系统进行切换操作时，未按规定指定专人进行监护和监视	2/次		《防止电力生产事故的二十五项重点要求》（国能安全〔2014〕161号） 8.4.12 油系统（如冷油器、辅助油泵、滤网等）进行切换操作时，应在指定人员的监护下按操作票顺序缓慢进行操作，操作中严密监视润滑油压的变化，严防切换操作过程中断油		一般
				⑤油系统阀门、滤网的选用、设置不符合相关规定	2/次		《防止电力生产事故的二十五项重点要求》（国能安全〔2014〕161号） 8.4.3 油系统严禁使用铸铁阀门，各阀门门芯应与地面水平安装。主要阀门应挂有"禁止操作"警示牌。主油箱事故放油阀应串联设置两个钢制截止阀，操作手轮设在距油箱5m以外的地方，且有两个以上通道，手轮应挂有"事故放油阀，禁止操作"标志牌，手轮不应加锁。润滑油管道中原则上不装设滤网，若装设滤网，必须采用激光打孔滤网，并有防止滤网堵塞和破损的措施		一般

序号	评价项目	标准分	查证方法	扣分条款	扣分标准	扣分	查评依据	标准化	隐患级别
10.2	密封油系统及设备（密封油泵、密封油冷油器、氢冷发电机氢油差压阀、平衡阀自动跟踪装置、交/直流密封油泵等）	20	对照设备台账、检修及缺陷记录、有关报表等，现场检查	①密封油系统及设备存在直接影响机组安全运行的重大缺陷	20		中国华电集团公司《电力安全工作规程（热力和机械部分）（2013 年版）》 15.4.3 氢冷发电机两端的密封瓦必须严密，当机内充满氢气时，密封油不准中断，密封油压应大于机内氢压（具体油氢压差，参照厂家说明书定值范围），同时保证密封油系统运行稳定，相关参数符合规程要求，以防空气进入发电机外壳内或氢气大量漏入汽轮机的油系统中而引起爆炸。主油箱、密封油箱上的排烟机，应保持连续运行。如排烟机故障时，应立即采取措施使油箱内不积存氢气。发电机运行中或停机备用期间，应定期检测氢冷发电机本体、油系统、氢气系统、主油箱、密封油箱、封闭母线外套的氢气体积含量，超过 1%应停机查漏消除。当定冷水箱的含氢量达到 3%时应报警，在 120h 内缺陷未消除或含氢量升到 20%时，应停机处理		重大
				②氢冷发电机氢油差压阀、平衡阀自动跟踪装置性能不良	3/处		《防止电力生产事故的二十五项重点要求》（国能安全〔2014〕161 号） 2.6.5 密封油系统平衡阀、压差阀必须保证动作灵活、可靠，密封瓦间隙必须调整合格		一般
				③密封油系统及设备存在缺陷	2/条		《防止 20 万 kW 氢冷发电机漏氢、漏油技术措施细则》（水电部〔88〕电生火字 17 号） 2. 将压差阀、平衡阀调试合格投入使用，是保证双流环式密封瓦正常工作的必要条件。压差阀的作用应使空侧油压高于机内氢压约 0.049MPa（0.5kgf/cm²），并能跟踪变化。平衡阀的作用应使氢侧油压跟踪空侧油压，保持两者尽量相等，最大相差不超过 150mmH₂O 柱。目前，两阀的制造质量还不能完全满足上述要求。有的机组长期不能投入使用，有的机组虽投入使用，但灵敏度差，结果影响漏氢量增大或使机内氢纯度迅速下降。因此，当前迫切希望制造厂尽快提供灵敏可靠的新型压差阀、平衡阀，以替代原产品。在原产品未更换前，仍应尽力做好检修、调试工作，投入使用		一般

序号	评价项目	标准分	查证方法	扣分条款	扣分标准	扣分	查 评 依 据	标准化	隐患级别
10.3	控制油系统设备（控制油泵、加热泵、再循环泵、再生装置等）	60	查阅设备台账、检修及缺陷记录，现场检查	①系统运行中控制油泵失去备用，未制定防范措施	2/次		燃气轮机制造厂家技术要求及工艺规范 系统运行中控制油泵无备用就有可能发生机组运行中失去油压，同时引起IGV、液压燃料阀等一系列误动	5.6.1.3	一般
				②控制油系统加热泵、再循环泵、冷却装置、再生装置（适用抗燃油）等任一台设备存在缺陷	2/条		燃气轮机制造厂家技术要求及工艺规范 为避免油质裂化，燃机制造厂家一般不采用电加热油温，而是采用加热泵、再循环泵的机械加热原理，因此控制油系统加热泵、再循环泵、冷却装置的任一台缺陷都可能造成油温无法控制		一般
				③再生装置不能正常投用（适用抗燃油）	1/处		《电厂运行中汽轮机油质量》（GB/T 7596—2008） 5. 关于补充油和混油的规定，运行中汽轮机油的防劣化措施： A4 安装连续再生装置。应选择合适的油在线再生净化装置，能及时除去运行汽轮机油中的劣化产物及颗粒杂质。但在线再生有可能吸附油中的防锈成分或抗氧化成分，再生后应根据液相锈蚀试验及开口杯老化试验结果，确定油中是否需要补加"746"或"T 501"抗氧剂		一般
				④控制油伺服阀、卸荷阀泄漏，导致控制油压力低于正常油压，未及时处理	2/条		《防止电力生产事故的二十五项重点要求》（国能安全〔2014〕161号） 8.5.3 电液伺服阀（包括各类型电液转换器）的性能必须符合要求，否则不得投入运行。运行中要严密监视其运行状态，不卡涩、不泄漏和系统稳定。大修中要进行清洗、检测等维护工作。备用伺服阀应按照制造商的要求条件妥善保管		一般

序号	评价项目	标准分	查证方法	扣分条款	扣分标准	扣分	查 评 依 据	标准化	隐患级别
10.3	控制油系统设备（控制油泵、加热泵、再循环泵、再生装置等）	60	查阅设备台账、检修及缺陷记录，现场检查	⑤控制油系统安装或管道更换时，其焊口未全氩焊接、100%射线探伤；采用插接式焊接时，未能保证焊接强度，未预留插接管的膨胀余量	2/处		《工业金属管道工程施工规范》（GB 50235—2010） 7.4.3 管道焊缝的射线照相检验数量应符合下列规定： 7.4.3.1 下列管道焊缝应进行 100%射线照相检验，其质量不得低于Ⅱ级：输送设计压力大于等于10MPa 或设计压力大于等于 4MPa，且设计温度大于等于 400℃的可燃流体、有毒流体的管道		一般
				⑥大修中未对伺服阀进行清洗、检测，备用伺服阀未按照制造商的要求条件妥善保管	2/次		燃气轮机制造厂家技术要求及工艺规范 大修中要进行清洗、检测等维护工作。发现问题应及时处理或更换。备用伺服阀应按制造商的要求条件妥善保管		一般
				⑦新安装及更换后的高压油管道未进行超压试验	5		《电力建设施工技术规范 第 5 部分：管道及系统》（DL 5190.5—2012） 6.2.3 严密性试验采用水压试验时，水质应符合规定，充水时应保证将系统内空气排尽。试验压力应符合按设计图纸的要求；如设计无规定，试验压力宜为设计压力的 1.25 倍，但不得大于任何非隔离元件如系统内容器、阀门或泵的最大允许试验压力，且不得小于 0.2MPa。 6.2.8 不锈钢管道严密性试验介质氯离子含量不得超过 0.2mg/L。 6.2.9 管道系统水压试验时，应缓慢升压，达到试验压力后应保持 10min，然后降至工作压力，对系统进行全面检查，无压降、无渗漏为合格		一般
10.4	油系统防火	20	现场检查，查阅运行记录等	①轴承（含密封瓦）及油系统存在漏油现象	2/处		《防止电力生产事故的二十五项重点要求》（国能安全〔2014〕161 号） 2.3.5 油管道法兰、阀门及轴承、调速系统等应保持严密不漏油，如有漏油应及时消除，严禁漏油渗透至下部蒸汽管、阀保温层		一般

序号	评价项目	标准分	查证方法	扣分条款	扣分标准	扣分	查 评 依 据	标准化	隐患级别
10.4	油系统防火	20	现场检查,查阅运行记录等	②油系统漏油、油污染现场、管道保温而未处理	2/处		《防止电力生产事故的二十五项重点要求》(国能安全〔2014〕161号) 2.3.7 检修时如发现保温材料内有渗油时,应消除漏油点,并更换保温材料		一般
10.5	油系统管道、阀门	60	查阅设备台账、金属监督检验报告、检修记录、缺陷记录,现场检查	①油管道存在管道膨胀受阻,与相邻部件存在磨碰,运行中发生管道振动	2/处		《防止电力生产事故的二十五项重点要求》(国能安全〔2014〕161号) 2.3.9 油管道要保证机组在各种运行工况下自由膨胀,应定期检查和维修油管道支吊架		一般
				②油管道管材不合格,焊缝存在裂纹,夹渣等焊接超标缺陷	3/处		《电力建设施工技术规范 第5部分:管道及系统》(DL 5190.5—2012) 3.1.3 管子、管件、管道附件及阀门在使用前,应进行外观检查,其表面要求为: (1)无裂纹、缩孔、夹渣、粘砂、折叠、漏焊、重皮等缺陷。 (2)表面应光滑,不允许有尖锐划痕。 (3)凹陷深度不得超过1.5mm,凹陷最大尺寸不应大于管子周长的5%,且不大于40mm。中、低合金钢管子、管件、管道附件及阀门在使用前,应逐件进行光谱复查,并作出材质标记		一般
				③油系统违反规定使用铸铁阀门未及时更换	2/处		《防止电力生产事故的二十五项重点要求》(国能安全〔2014〕161号) 2.3.1 油系统应尽量避免使用法兰连接,禁止使用铸铁阀门		一般
				④油系统水平管道上的阀门竖直安装,主要阀门未挂有"禁止操作"标示牌	2/处		中国华电集团公司《电力安全工作规程(热力和机械部分)(2013年版)》 7.7.3 油系统水平管道上的阀门不得立式安装。油系统上的主要阀门应设置"禁止操作"标志牌		一般

序号	评价项目	标准分	查证方法	扣分条款	扣分标准	扣分	查 评 依 据	标准化	隐患级别
10.5	油系统管道、阀门	60	查阅设备台账、金属监督检验报告、检修记录、缺陷记录，现场检查	⑤油系统法兰违反相关规定采用胶皮垫（含耐油橡胶垫）、塑料垫、石棉纸垫密封，系统内杂物未及时清理	3/处		《防止电力生产事故的二十五项重点要求》（国能安全〔2014〕161 号） 8.4.4 安装和检修时要彻底清理油系统杂物，严防遗留杂物堵塞油泵入口或管道。 2.3.2 油系统法兰禁止使用塑料垫、橡皮垫（含油橡皮垫）和石棉纸垫		一般
				⑥油管道附近热体保温、铁皮或所缠玻璃丝布等不完整；油管道附近动火作业	2/处		《防止电力生产事故的二十五项重点要求》（国能安全〔2014〕161 号） 2.3.3 油管道法兰、阀门及可能漏油部位附近不准有明火，必须明火作业时要采取有效措施，附近的热力管道或其他热体的保温应紧固完整，并包好铁皮。 2.3.6 油管道法兰、阀门的周围及下方，如敷设有热力管道或其他热体，这些热体保温必须齐全，保温外面应包铁皮		一般
10.6	**主油箱事故放油门**	10	现场检查	①主油箱事故放油门设置不符合规范	2/（台·次）		《防止电力生产事故的二十五项重点要求》（国能安全〔2014〕161 号） 2.3.8 事故排油阀应设两个串联钢质截止阀，其操作手轮应设在距油箱 5m 以外的地方，并有两个以上的通道，操作手轮不允许加锁，应挂有明显的"禁止操作"标识牌。 8.4.3 油系统严禁使用铸铁阀门，各阀门门芯应与地面水平安装。主要阀门应挂有"禁止操作"警示牌。主油箱事故放油阀应串联设置两个钢制截止阀，操作手轮设在距油箱 5m 以外的地方，且有两个以上通道，手轮应挂有"事故放油阀，禁止操作"标志牌，手轮不应加锁。润滑油管道中原则上不装设滤网，若装设滤网，必须采用激光打孔滤网，并有防止滤网堵塞和破损的措施		一般

序号	评价项目	标准分	查证方法	扣分条款	扣分标准	扣分	查 评 依 据	标准化	隐患级别
10.7	油系统运行管理	30							
10.7.1	润滑油系统的试验		查阅运行记录及日志、运行操作票、试验记录、检修记录，现场检查	①未按照规定进行交、直流润滑油泵启停试验	2/（台·次）		《防止电力生产事故的二十五项重点要求》（国能安全〔2014〕161号） 8.4.11 辅助油泵及其自启动装置，应按运行规程要求定期进行试验，保证处于良好的备用状态。机组启动前辅助油泵必须处于联动状态。机组正常停机前，应进行辅助油泵的全容量启动试验	5.6.1.3	一般
				②未按照规定进行润滑油压低联锁试验	2/（台·次）		《防止电力生产事故的二十五项重点要求》（国能安全〔2014〕161号） 8.4.6 润滑油压低报警、联启油泵、跳闸保护、停止盘车定值及测点安装位置应按照制造商要求整定和安装，整定值应满足直流油泵联启的同时必须跳闸停机。对各压力开关应采用现场试验系统进行校验，润滑油压低时应能正确、可靠地联动交流、直流润滑油泵		一般
				③压力开关未采用现场定期试验系统进行校验	2/（台·次）		《防止电力生产事故的二十五项重点要求》（国能安全〔2014〕161号） 8.4.6 润滑油压低报警、联启油泵、跳闸保护、停止盘车定值及测点安装位置应按照制造商要求整定和安装，整定值应满足直流油泵联启的同时必须跳闸停机。对各压力开关应采用现场试验系统进行校验，润滑油压低时应能正确、可靠地联动交流、直流润滑油泵		一般
10.7.2	控制油系统的试验		查阅运行记录及日志、运行操作票、试验记录，现场检查	①未按照规定进行控制油泵启停试验	2/（台·次）		1. 燃气轮机制造厂家技术要求及工艺规范 2. 企业燃气轮机运行规程	5.6.1.3	一般
				②未按照规定进行控制油系统联锁试验	2/（台·次）		1. 燃气轮机制造厂家技术要求及工艺规范 2. 企业燃气轮机运行规程	5.6.1.3	一般

续表

序号	评价项目	标准分	查证方法	扣分条款	扣分标准	扣分	查 评 依 据	标准化	隐患级别
10.7.3	油系统的切换操作		查阅运行记录及日志、运行操作票，现场检查	油系统进行切换操作（如冷油器、交直流油泵、滤网等）时，未执行操作票监护制度	2/次		《防止电力生产事故的二十五项重点要求》（国能安全〔2014〕161 号） 8.4.12 油系统（如冷油器、辅助油泵、滤网等）进行切换操作时，应在指定人员的监护下按操作票顺序缓慢进行操作，操作中严密监视润滑油压的变化，严防切换操作过程中断油	5.6.1.3	一般
10.8	油系统技术管理	50	查阅油质试验报告、管理制度、缺陷记录、检修记录、运行日志等，现场查询，有条件时现场试验	①未制定油务管理制度或制度执行不严格	2/项		1. 企业油务管理制度 2.《电厂运行中汽轮机油质量》（GB/T 7596—2008） 3 技术要求（见附件一）	5.6.1.5	一般
				②未严格按照定期规定对透平油、控制油油质进行取样检验	2/次		《防止电力生产事故的二十五项重点要求》（国能安全〔2014〕161 号） 8.5.7 透平油、液压油品质应按规程要求定期化验。燃气轮机组投产初期，燃气轮机本体和油系统检修后，以及燃气轮机组油质劣化时，应缩短化验周期		一般
				③透平油、控制油、密封油质的化验项目未按照规定要求，项目不全	2/项		1. 企业油务管理制度 2.《电厂运行中汽轮机油质量》（GB/T 7596—2008） 3 技术要求（见附件一）		一般
				④透平油、控制油（液压油）、密封油质不合格，仍然启动机组	2/项		《防止电力生产事故的二十五项重点要求》（国能安全〔2014〕161 号） 8.4.5 油系统油质应按规程要求定期进行化验，油质劣化应及时处理。在油质不合格的情况下，严禁机组启动。 8.5.6 透平油和液压油的油质应合格。在油质不合格的情况下，严禁燃气轮机组启动		一般
				⑤废弃油处理不符合环保要求	2/次		1. 企业油务管理制度 2.《电厂运行中汽轮机油质量》（GB/T 7596—2008） 3 技术要求（见附件一）		一般

续表

序号	评价项目	标准分	查证方法	扣分条款	扣分标准	扣分	查 评 依 据	标准化	隐患级别
11	燃气轮机运行管理	310							
11.1	燃气轮机启停状态记录	20	查阅运行记录、操作票卡，现场检查	①无机组启停时间、主要运行数据、运行累计时间、主要运行方式记录	2/处		中国华电集团公司《电力安全工作规程（热力和机械部分）（2013 年版）》 8.7.2 定期记录、统计相关燃机运行参数，根据制造厂提供的计算公式，计算燃机的等效启动次数及等效运行小时，制订合理的燃机检修周期计划	5.6.1.3	一般
				②转子技术档案不全	2/处		《防止电力生产事故的二十五项重点要求》（国能安全〔2014〕161 号） 8.6.19 建立转子技术档案，包括制造商提供的转子原始缺陷和材料特性等原始资料、历次转子检修检查资料；燃气轮机组主要运行数据、运行累计时间、主要运行方式、冷热态启停次数、启停过程中的负荷的变化率、主要事故情况的原因和处理	5.6.1.2	一般
11.2	防止燃气轮机损坏执行情况	150	查阅运行日志、运行记录、操作票卡，现场检查	1. 下列情况发生未排查处理启动机组					
				①在盘车状态听到有明显的刮缸声	150		《防止电力生产事故的二十五项重点要求》（国能安全〔2014〕161 号） 8.6.12 发生下列情况之一，严禁机组启动： （1）在盘车状态听到有明显的刮缸声		重大
				②压气机进口滤网破损或压气机进气道可能存在残留物	150		《防止电力生产事故的二十五项重点要求》（国能安全〔2014〕161 号） 8.6.12 发生下列情况之一，严禁机组启动： （2）压气机进口滤网破损或压气机进气道可能存在残留物		重大
				③机组转动部分有明显的摩擦声	150		《防止电力生产事故的二十五项重点要求》（国能安全〔2014〕161 号） 8.6.12 发生下列情况之一，严禁机组启动： （3）机组转动部分有明显的摩擦声		重大

续表

序号	评价项目	标准分	查证方法	扣分条款	扣分标准	扣分	查评依据	标准化	隐患级别
11.2	防止燃气轮机损坏执行情况	150	查阅运行日志、运行记录、操作票卡，现场检查	④任一火焰探测器或点火装置故障	2/处		《防止电力生产事故的二十五项重点要求》（国能安全〔2014〕161 号） 8.6.12 发生下列情况之一，严禁机组启动： （4）任一火焰探测器或点火装置故障		一般
				⑤燃气辅助关断阀、燃气关断阀、燃气控制阀任一阀门或其执行机构故障	3/处		《防止电力生产事故的二十五项重点要求》（国能安全〔2014〕161 号） 8.6.12 发生下列情况之一，严禁机组启动： （5）燃气辅助关断阀、燃气关断阀、燃气控制阀任一阀门或其执行机构故障		一般
				⑥压气机防喘阀活动试验不合格	5/次		《防止电力生产事故的二十五项重点要求》（国能安全〔2014〕161 号） 8.6.12 发生下列情况之一，严禁机组启动： （6）具有压气机进口导流叶片和压气机防喘阀活动试验功能的机组，压气机进口导流叶片和压气机防喘阀活动试验不合格		一般
				⑦燃气轮机排气温度故障测点数大于等于 1 个	2/处		《防止电力生产事故的二十五项重点要求》（国能安全〔2014〕161 号） 8.6.12 发生下列情况之一，严禁机组启动： （7）燃气轮机排气温度故障测点数大于等于 1 个		一般
				⑧燃气轮机主保护故障	3/处		《防止电力生产事故的二十五项重点要求》（国能安全〔2014〕161 号） 8.6.12 发生下列情况之一，严禁机组启动： （8）燃气轮机主保护故障。 8.6.1 燃气轮机组主、辅设备的保护装置必须正常投入，振动监测保护应投入运行；燃气轮机组正常运行瓦振、轴振应达到有关标准的优良范围，并注意监视变化趋势	5.6.1.2	一般

序号	评价项目	标准分	查证方法	扣分条款	扣分标准	扣分	查 评 依 据	标准化	隐患级别
11.2	防止燃气轮机损坏执行情况	150	查阅运行日志、运行记录、操作票卡、现场检查	2.下列情况发生运行中未立即停机或打闸					
				①运行参数超过保护值而保护拒动，未立即停机	150		《防止电力生产事故的二十五项重点要求》（国能安全〔2014〕161号） 8.6.13　发生下列情况之一，应立即打闸停机： （1）运行参数超过保护值而保护拒动	5.6.1.2	重大
				②机组振动突然增加报警值的100%，未立即停机	150		《防止电力生产事故的二十五项重点要求》（国能安全〔2014〕161号） 8.6.13　发生下列情况之一，应立即打闸停机： （5）机组运行中，要求轴承振动不超过0.03mm或相对轴振动不超过0.08mm，超过时应设法消除，当相对轴振大于0.25mm应立即打闸停机；当轴承振动或相对轴振动变化量超过报警值的25%，应查明原因设法消除，当轴承振动或相对轴振动突然增加报警值的100%，应立即打闸停机；或严格按照制造商的标准执行		重大
				③机组内部有金属摩擦声或轴承端部有摩擦产生火花，未立即停机	150		《防止电力生产事故的二十五项重点要求》（国能安全〔2014〕161号） 8.6.13　发生下列情况之一，应立即打闸停机： （2）机组内部有金属摩擦声或轴承端部有摩擦产生火花		重大
				④压气机失速，发生喘振，未立即停机	150		《防止电力生产事故的二十五项重点要求》（国能安全〔2014〕161号） 8.6.13　发生下列情况之一，应立即打闸停机： （3）压气机失速，发生喘振		重大
				⑤机组冒出大量黑烟，未立即停机	150		1.《防止电力生产事故的二十五项重点要求》（国能安全〔2014〕161号） 8.6.13　发生下列情况之一，应立即打闸停机： （4）机组冒出大量黑烟。 2.燃气轮机制造厂家技术要求及工艺规范 NO_x 等排放等严重超过设计标准（15ppm）		重大

序号	评价项目	标准分	查证方法	扣分条款	扣分标准	扣分	查 评 依 据	标准化	隐患级别
11.2	防止燃气轮机损坏执行情况	150	查阅运行日志、运行记录、操作票卡，现场检查	⑥运行中发现燃气泄漏检测报警或燃气浓度有突升，未立即停机	5/次		《防止电力生产事故的二十五项重点要求》（国能安全〔2014〕161 号）8.6.13 发生下列情况之一，应立即打闸停机：（6）运行中发现燃气泄漏检测报警或检测到燃气浓度有突升，应立即停机检查		一般
				3. 未经批准机组在燃烧模式切换区域长时间运行（电网调度要求除外）	3/次		《防止电力生产事故的二十五项重点要求》（国能安全〔2014〕161 号）8.6.2 燃气轮机组应避免在燃烧模式切换负荷区域长时间运行		一般
				4. 调峰机组两次启动间隔时间未按照制造商要求控制（电网调度要求除外）	5/次		《防止电力生产事故的二十五项重点要求》（国能安全〔2014〕161 号）8.6.14 调峰机组应按照制造商要求控制两次启动间隔时间，防止出现通流部分刮缸等异常情况		一般
				5. 未定期检查燃气轮机、压气机气缸周围的冷却水等管道	3/次		《防止电力生产事故的二十五项重点要求》（国能安全〔2014〕161 号）8.6.15 应定期检查燃气轮机、压气机气缸周围的冷却水、水洗等管道、接头、泵压，防止运行中断裂造成冷水喷在高温气缸上，发生气缸变形、动静摩擦设备损坏事故		一般
				6. 未严格执行并网规定发生发电机非同期并网	3/次		《防止电力生产事故的二十五项重点要求》（国能安全〔2014〕161 号）8.6.6 为防止发电机非同期并网造成的燃气轮机轴系断裂及损坏事故，应严格落实第 10.9 条规定的各项措施		一般
				7. 发现燃气轮机排气温度、排气分散度、轮间温度、火焰强度等运行数据异常，未及时分析排查	3/次		《防止电力生产事故的二十五项重点要求》（国能安全〔2014〕161 号）8.6.7 加强燃气轮机排气温度、排气分散度、轮间温度、火焰强度等运行数据的综合分析，及时找出设备异常的原因，防止局部过热燃烧引起的设备裂纹、涂层脱落、燃烧区位移等损坏		一般

序号	评价项目	标准分	查证方法	扣分条款	扣分标准	扣分	查 评 依 据	标准化	隐患级别
11.2	防止燃气轮机损坏执行情况	150	查阅运行日志、运行记录、操作票卡，现场检查	8. 机组启动、停机和运行中，出现轴瓦温度超标而未按规程规定的要求果断处理	3/次		《防止电力生产事故的二十五项重点要求》（国能安全〔2014〕161号） 8.4.13　机组启动、停机和运行中要严密监视推力瓦、轴瓦钨金温度和回油温度。当温度超过标准要求时，应按规程规定果断处理		一般
				9. 机组紧急停机时，违背运行规程，而强行点火启机	5/次		《防止电力生产事故的二十五项重点要求》（国能安全〔2014〕161号） 8.6.11　机组发生紧急停机时，应严格按照制造商要求连续盘车若干小时以上，才允许重新启动点火，以防止冷热不均发生转子振动大或残余燃气引起爆燃而损坏部件		一般
11.3	防止燃气轮机燃气系统泄漏爆炸事故执行情况	80	查阅运行记录、缺陷记录、分散控制系统数据	①点火失败后，重新点火前未按规程进行足够时间的清吹	80		《防止电力生产事故的二十五项重点要求》（国能安全〔2014〕161号） 8.7.3　点火失败后，重新点火前必须进行足够时间的清吹，防止燃气轮机和余热锅炉通道内的燃气浓度在爆炸极限而产生爆燃事故		重大
				②燃气泄漏量达到测量爆炸下限的20%时仍然启动机组	80		《防止电力生产事故的二十五项重点要求》（国能安全〔2014〕161号） 8.7.2　燃气泄漏量达到测量爆炸下限的20%时,不允许启动燃气轮机		重大
				③燃气轮机启动中清吹程序时间不符合规定	3/次		1. 中国华电集团公司《发电企业生产典型事故预防措施》 30.4.6　机组启动中清吹程序应能按规定自动执行，清吹时间按照规定值，清吹转速在规定值，清吹程序中进口可调导叶在正确的开度，保证吹扫空气流量。若清吹过程中发生故障，应仔细查找原因并消除，再按规定程序启动，严禁跳过清吹程序强行启动。	5.6.1.3	一般

序号	评价项目	标准分	查证方法	扣分条款	扣分标准	扣分	查 评 依 据	标准化	隐患级别
11.3	防止燃气轮机燃气系统泄漏爆炸事故执行情况	80	查阅运行记录、缺陷记录、分散控制系统数据	③燃气轮机启动中清吹程序时间不符合规定	3/次		2.《防止电力生产事故的二十五项重点要求》（国能安全〔2014〕161 号） 8.7.3 点火失败后，重新点火前必须进行足够时间的清吹，防止燃气轮机和余热锅炉通道内的燃气浓度在爆炸极限而产生爆燃事故		一般
				④燃气轮机泄漏试验不合格，未查明原因再次启动机组	3/次		中国华电集团公司《发电企业生产典型事故预防措施》 30.4.2 阀门泄漏试验不合格时，应自动停止机组启动程序，分析判断原因并消除，不得随意更改泄漏试验合格判定标准，原因未查明或消除前，不得再次启动机组		一般
				⑤燃气轮机泄漏试验判定标准不符合规定	3/次		中国华电集团公司《发电企业生产典型事故预防措施》 30.4.2 阀门泄漏试验不合格时，应自动停止机组启动程序，分析判断原因并消除，不得随意更改泄漏试验合格判定标准，原因未查明或消除前，不得再次启动机组	5.6.1.3	一般
				⑥燃气轮机启动失败排放阀动作不正常（适用燃油机组）	3/次		中国华电集团公司《发电企业生产典型事故预防措施》 30.4.7 遇启动点火失败，应立即检查启动失败排放门是否开启，排放过程是否正常。检查排放正常，并分析清楚点火失败原因后，才能再按规定程序启动，严禁盲目启动点火		一般
				⑦未按规定在运行中的燃气轮机周围仍然进行燃气管系燃气排放与置换作业	3/次		《防止电力生产事故的二十五项重点要求》（国能安全〔2014〕161 号） 8.7.5 严禁在运行中的燃气轮机周围进行燃气管系燃气排放与置换作业		一般

续表

序号	评价项目	标准分	查证方法	扣分条款	扣分标准	扣分	查 评 依 据	标准化	隐患级别
11.3	防止燃气轮机燃气系统泄漏爆炸事故执行情况	80	查阅运行记录、缺陷记录、分散控制系统数据	⑧运行人员巡检燃气系统时，未使用防爆型的照明工具、对讲机	2/次		《防止电力生产事故的二十五项重点要求》（国能安全〔2014〕161号） 8.7.16 运行点检人员巡检燃气系统时，必须使用防爆型的照明工具、对讲机，操作阀门尽量用手操作，必要时应用铜制阀门把钩进行。严禁使用非防爆型工器具作业		一般
				⑨对进入燃气禁区的外来人员未进行严格的防爆、防护管制和教育	3/次		《防止电力生产事故的二十五项重点要求》（国能安全〔2014〕161号） 8.7.17 进入燃气禁区的外来参观人员不得穿易产生静电的服装、带铁掌的鞋，不准带移动电话及其他易燃、易爆品进入调压站、前置站。燃气区域严禁照相、摄影		一般
				⑩进入燃气系统区域未穿防静电工作服，未按规定交出火种、通信设备和电子产品	2/处		《防止电力生产事故的二十五项重点要求》（国能安全〔2014〕161号） 8.7.10 进入燃气系统区域（调压站、燃气轮机）前应先消除静电（设防静电球），必须穿防静电工作服，严禁携带火种、通信设备和电子产品		一般
11.4	防止燃气轮机超速执行情况	40	查阅作业指导书、运行记录，现场检查	①燃气轮机组转速显示失灵，仍然启动机组	40		《防止电力生产事故的二十五项重点要求》（国能安全〔2014〕161号） 8.5.5 燃气轮机组重要运行监视表计，尤其是转速表，显示不正确或失效，严禁机组启动。运行中的机组，在无任何有效监视手段的情况下，必须停止运行		重大
				②大修后未严格按照超速试验规程进行超速试验	40		1. 中国华电集团公司《电力安全工作规程（热力和机械部分）（2013年版）》 7.8.6 对新投产的机组或汽轮机调节系统大修后的机组应进行超速试验。		重大

序号	评价项目	标准分	查证方法	扣分条款	扣分标准	扣分	查 评 依 据	标准化	隐患级别
11.4	防止燃气轮机超速执行情况	40	查阅作业指导书、运行记录，现场检查	②大修后未严格按照超速试验规程进行超速试验	40		2.《防止电力生产事故的二十五项重点要求》（国能安全〔2014〕161号） 8.5.1 在设计天然气参数范围内，调节系统应能维持燃气轮机在额定转速下稳定运行，甩负荷后能将燃气轮机组转速控制在超速保护动作值以下。 8.6.5 严格按照超速试验规程进行超速试验		重大
				③运行期间电超速保护未正常投入	40		《防止电力生产事故的二十五项重点要求》（国能安全〔2014〕161号） 8.5.8 燃气轮机组电超速保护动作转速一般为额定转速的108%～110%。运行期间电超速保护必须正常投入。超速保护不能可靠动作时，禁止燃气轮机组运行。燃气轮机组电超速保护应进行实际升速动作试验，保证其动作转速符合有关技术要求	5.6.1.2	重大
				④燃气轮机组轴系的转速监测装置未实现分装在不同转子上	2/台		《防止电力生产事故的二十五项重点要求》（国能安全〔2014〕161号） 8.5.4 燃气轮机组轴系应安装两套转速监测装置，并分别装设在不同的转子上		一般
				⑤机组停机时，发电机有功、无功功率未到零解列	3/次		《防止电力生产事故的二十五项重点要求》（国能安全〔2014〕161号） 8.5.10 机组停机时，联合循环单轴机组应先停运汽轮机，检查发电机有功、无功功率到零，再与系统解列；分轴机组应先检查发电机有功、无功功率到零，再与系统解列，严禁带负荷解列		一般
				⑥燃气机组突然甩负荷后不能稳定在全速状态，未联系制造厂及时处理	3/次		《防止电力生产事故的二十五项重点要求》（国能安全〔2014〕161号） 8.5.1 在设计天然气参数范围内，调节系统应能维持燃气轮机在额定转速下稳定运行，甩负荷后能将燃气轮机组转速控制在超速保护动作值以下		一般

续表

序号	评价项目	标准分	查证方法	扣分条款	扣分标准	扣分	查评依据	标准化	隐患级别
11.4	防止燃气轮机超速执行情况	40	查阅作业指导书、运行记录，现场检查	⑦燃气轮机中、大修后，未进行调节系统的静止试验或仿真试验	3/次		《防止电力生产事故的二十五项重点要求》（国能安全〔2014〕161号） 8.5.9　燃气轮机组大修后，必须按规程要求进行燃气轮机调节系统的静止试验或仿真试验，确认调节系统工作正常。否则，严禁机组启动	5.6.1.3	一般
11.5	燃气轮机负荷及速率的控制	20	查阅运行记录、分散控制系统数据，现场检查	①联合循环启动过程中未严格控制负荷速率，引起汽轮机本体应力过大或主蒸汽超温等现象	2/次		中国华电集团公司《电力安全工作规程（热力和机械部分）（2013年版）》 8.8.4　燃气轮机启动过程中，应严格控制汽轮机应力数据，控制升负荷速率，防止汽轮机本体过应力发生变形或开裂	5.6.1.3	一般
				②冬季工况下未控制最高出力导致锅炉主汽压力超过额定值	2/次		燃气轮机制造厂家技术要求及工艺规范 冬季工况或极冷天气下，燃机排气流量和温度会增大，运行应通过减小升负荷速率（对于背压汽轮机），对于抽凝汽轮机可结合调节高低压主蒸汽旁路开度，控制主蒸汽温度和压力	5.6.1.3	一般
12	燃气轮机技术管理	485							
12.1	燃气轮机运行规程、系统图	60	查阅现场运行规程、系统图、运行操作票等，现场查询	①现场运行规程未按照典型事故预防措施修订	3/项		1.《中国华电集团公司电力安全生产工作规定》（中国华电制〔2011〕113号） 第二十九条　各企业应全面执行国家和上级颁发的有关安全生产法规、标准、规定、规程、制度、措施等，并根据要求结合实际情况，制定细则或补充规定，且不得与上级规定相抵触，不得低于上级规定的标准。	5.6.1.3	一般
				②现场运行规程按照典型事故预防措施进行修订但有缺项	2/项		第三十条　二级单位应建立与授权职能相适应的安全生产责任制、目标管理、过程控制以及考核、信息报送等安全生产工作制度。 第三十一条　基层企业应建立、健全保障安全生产的规程制度。	5.6.1.3	一般

序号	评价项目	标准分	查证方法	扣分条款	扣分标准	扣分	查评依据	标准化	隐患级别
12.1	燃气轮机运行规程、系统图	60	查阅现场运行规程、系统图、运行操作票等，现场查询	③现场未放置运行规程、系统图	2/项		（一）根据上级颁发的规程、制度、反事故技术措施和设备厂商的说明书，编制企业各类设备的现场运行规程、制度，经主管安全生产的领导（或总工程师）批准后执行。 （二）根据上级颁发的检修管理办法、技术监督制度，制定本企业的检修管理、技术监督等制度；根据典型技术规程和设备制造说明，编制主、辅设备的检修工艺规程和质量标准，经主管安全生产的领导（或总工程师）批准后执行。 （三）根据《电网调度管理条例》和企业所在电网的电力调度机构颁发的调度规程，编制本企业的调度规程，经主管安全生产的领导（或总工程师）批准后执行。 （四）针对动火作业、受限空间作业、爆破作业、临时用电作业、高空作业等危险性作业，应按照有关要求履行两票等许可手续，必要时制定专项安全技术措施，经审批后监督执行。 （五）应制定领导干部和管理人员现场监督检查（带班）制度和重大作业到位制度。 （六）结合综合产业特点，编制有关安全管理的制度、规程、办法。 第三十二条 基层企业应及时复查、修订现场规程、制度，确保其有效和适用，保证每个岗位所使用的为最新有效版本。 （一）当上级颁发新的规程和反事故技术措施、设备系统变动、本企业事故防范措施需要时，应及时对现场规程进行补充或对有关条文进行修订，履行审批程序，并书面通知有关人员。 （二）每年应对现场规程进行一次复查、修订，并书面通知有关人员；不需修订的，也应出具经复查人、批准人签名的"可以继续执行"的书面文件，并通知有关人员。 （三）现场规程宜每3～5年进行一次全面修订、审批并印发。	5.6.1.2	一般
				④现场运行规程有缺项或系统图有缺失	2/处			5.6.1.2	一般
				⑤现场运行规程、系统图和实际不相吻合	2/处			5.6.1.2	一般

序号	评价项目	标准分	查证方法	扣分条款	扣分标准	扣分	查 评 依 据	标准化	隐患级别
12.1	燃气轮机运行规程、系统图	60	查阅现场运行规程、系统图、运行操作票等，现场查询	⑥现场未按运行规程执行	2/处		2. 中国华电集团公司《发电企业生产典型事故预防措施》 14.4.13 设备异动后，不做设备异动交代、标志不完善的情况下，不准送电。运行部门应根据设备改造或异动情况，及时编写补充运行规程，便于运行人员在操作过程中有章可循	5.6.1.2	一般
12.2	燃气轮机运行技术管理	90	查阅运行分析、运行台账、定期分析、运行制度、年度总结、年度反事故技术措施，现场检查制度执行情况	①燃气轮机运行制度不齐全	2/项		1.《中国华电集团公司电力安全生产工作规定》（中国华电生制〔2011〕113 号） 第二十九条 各企业应全面执行国家和上级颁发的有关安全生产法规、标准、规定、规程、制度、措施等，并根据要求结合实际情况，制定细则或补充规定，且不得与上级规定相抵触，不得低于上级规定的标准。	5.6.1.3	一般
				②燃气轮机运行制度执行有漏项	2/项		第三十条 二级单位应建立与授权职能相适应的安全生产责任制、目标管理、过程控制以及考核、信息报送等安全生产工作制度。 第三十一条 基层企业应建立、健全保障安全生产的规程制度。 （一）根据上级颁发的规程、制度、反事故技术措施和设备厂商的说明书，编制企业各类设备的现场运行规程、制度，经主管安全生产的领导（或总工程师）批准后执行。		一般
				③燃气轮机部分运行资料有缺失	3/处		（二）根据上级颁发的检修管理办法、技术监督制度，制定本企业的检修管理、技术监督等制度；根据典型技术规程和设备制造说明，编制主、辅设备的检修工艺规程和质量标准，经主管安全生产的领导（或总工程师）批准后执行。		一般
				④违反调度纪律	2/次		（三）根据《电网调度管理条例》和企业所在电网的电力调度机构颁发的调度规程，编制本企业的调度规程，经主管安全生产的领导（或总工程师）批准后执行。	5.6.1.3	一般

序号	评价项目	标准分	查证方法	扣分条款	扣分标准	扣分	查 评 依 据	标准化	隐患级别
12.2	燃气轮机运行技术管理	90	查阅运行分析、运行台账、定期分析、运行制度、年度总结、年度反事故技术措施，现场检查制度执行情况	⑤因运行监视不到位发生不安全事件	3/处		（四）针对动火作业、受限空间作业、爆破作业、临时用电作业、高空作业等危险性作业，应按照有关要求履行两票等许可手续，必要时制定专项安全技术措施，经审批后监督执行。 （五）应制定领导干部和管理人员现场监督检查(带班)制度和重大作业到位制度。	5.6.1.3	一般
				⑥存在无票操作，操作票不合格	3/处		（六）结合综合产业特点，编制有关安全管理的制度、规程、办法。 第三十二条 基层企业应及时复查、修订现场规程、制度，确保其有效和适用，保证每个岗位所使用的为最新有效版本。	5.6.1.3	一般
				⑦机组定期试验工作未执行，未建立试验档案	3/处		（一）当上级颁发新的规程和反事故技术措施、设备系统变动、本企业事故防范措施需要时，应及时对现场规程进行补充或对有关条文进行修订，履行审批程序，并书面通知有关人员。 （二）每年应对现场规程进行一次复查、修订，并书面通知有关人员；不需修订的，也应出具经复查人、批准人签名的"可以继续执行"的书面文件，并通知有关人员。	5.6.1.3	一般
				⑧设备巡检不符合要求	2/处		（三）现场规程宜每 3~5 年进行一次全面修订、审批并印发。 2. 中国华电集团公司《发电企业生产典型事故预防措施》 14.4.13 设备异动后，不做设备异动交代、标志不完善的情况下，不准送电。运行部门应根据设备改造或异动情况，及时编写补充运行规程，便于运行人员在操作过程中有章可循。	5.6.1.3	一般
				⑨未定期组织开展反事故演习、进行事故预想，记录不完整、不翔实	2/处		3.《防止电力生产事故的二十五项重点要求》（国能安全〔2014〕161 号） 8.6.17 建立燃气轮机组试验档案，包括投产前的安装调试试验、计划检修的调整试验、常规试验和定期试验	5.6.1.3	一般

序号	评价项目	标准分	查证方法	扣分条款	扣分标准	扣分	查 评 依 据	标准化	隐患级别
12.3	燃气轮机停运保养	10	查阅运行台账、技术监督工作及各项管理制度	机组长时间停运，未依据制造厂家要求制定具体的燃气轮机保养方案	2/处		燃气轮机制造厂家技术要求及工艺规范 机组长期停运，应制定相关保养方案，对机组进行有效的保养；保养主要涉及延缓腐蚀、介质裂化、绝缘下降、转动部件静态弯曲变形等方面。保养方案应包括进气过滤装置、压气机透平、燃机透平、转子、排气通道、油系统、调压站、水浴炉、重要阀门组等	5.6.1.3	一般
12.4	燃气轮机检修技术管理	80	查阅检修规程及各项管理制度	①无燃气轮机检修规程	3/项		《中国华电集团公司电力安全生产工作规定》（中国华电生制〔2011〕113号） 第二十九条 各企业应全面执行国家和上级颁发的有关安全生产法规、标准、规定、规程、制度、措施等，并根据要求结合实际情况，制定细则或补充规定，且不得与上级规定相抵触，不得低于上级规定的标准。	5.6.1.4	一般
				②燃气轮机检修管理制度不齐全	3/项		第三十条 二级单位应建立与授权职能相适应的安全生产责任制、目标管理、过程控制以及考核、信息报送等安全生产工作制度。 第三十一条 基层企业应建立、健全保障安全生产的规程制度。 （一）根据上级颁发的规程、制度、反事故技术措施和设备厂商的说明书，编制企业各类设备的现场运行规程、制度，经主管安全生产的领导（或总工程师）批准后执行。	5.6.1.4	一般
				③检修规程有缺项	2/处		（二）根据上级颁发的检修管理办法、技术监督制度，制定本企业的检修管理、技术监督等制度；根据典型技术规程和设备制造说明，编制主、辅设备的检修工艺规程和质量标准，经主管安全生产的领导（或总工程师）批准后执行。	5.6.1.4	一般
				④燃气轮机检修规程或制度执行有漏项	2/项		（三）根据《电网调度管理条例》和企业所在电网的电力调度机构颁发的调度规程，编制本企业的调度规程，经主管安全生产的领导（或总工程师）批准后执行。 （四）针对动火作业、受限空间作业、爆破作业、临时用电作业、高空作业等危险性作业，应按照有关	5.6.1.4	一般

序号	评价项目	标准分	查证方法	扣分条款	扣分标准	扣分	查 评 依 据	标准化	隐患级别
12.4	燃气轮机检技术修管理	80	查阅检修规程及各项管理制度	⑤检修存在无票作业现象	3/处		要求履行两票等许可手续，必要时制定专项安全技术措施，经审批后监督执行。 （五）应制定领导干部和管理人员现场监督检查（带班）制度和重大作业到位制度。 （六）结合综合产业特点，编制有关安全管理的制度、规程、办法。 第三十二条 基层企业应及时复查、修订现场规程、制度，确保其有效和适用，保证每个岗位所使用的为最新有效版本。 （一）当上级颁发新的规程和反事故技术措施、设备系统变动、本企业事故防范措施需要时，应及时对现场规程进行补充或对有关条文进行修订，履行审批程序，并书面通知有关人员。 （二）每年应对现场规程进行一次复查、修订，并书面通知有关人员；不需修订的，也应出具经复查人、批准人签名的"可以继续执行"的书面文件，并通知有关人员。 （三）现场规程宜每 3～5 年进行一次全面修订、审批并印发	5.6.1.4	一般
				⑥设备无检查记录；检查周期不符合要求	3/项			5.6.1.4	一般
				⑦检修现场隔离和定置管理不到位	3/项			5.6.1.4	一般
				⑧检修质量控制和监督三级验收制度执行不到位；验收资料不完整	3/项			5.6.1.4	一般
12.5	燃气轮机设备技术监督管理	45	查阅技术监督工作有关规章制度及监督报表、监督总结等	①未制定技术监督制度及无组织机构	3/项		《中国华电集团公司技术监督管理办法（A 版）》（华电生〔2011〕640 号） 见附件二	5.6.1.5	一般
				②技术监督工作执行有漏项	3/项			5.6.1.5	一般
				③未制定年度计划	5			5.6.1.5	一般
				④未定期开展技术监督工作；技术监督工作报告和技术分析报告，存在较大问题；措施制定和实施不及时	3/项			5.6.1.5	一般
				⑤无各专业年度总结报告	3/项			5.6.1.5	一般

续表

序号	评价项目	标准分	查证方法	扣分条款	扣分标准	扣分	查 评 依 据	标准化	隐患级别
12.6	燃气轮机技改管理	20	查阅技改管理规章制度和设施材料	①未制定并严格执行技术改造管理办法；技改项目资料不完整	3/项		《中国华电集团公司技术改造管理办法（B 版）》（中国华电火电制〔2014〕424 号）见附件三	5.6.1.5	一般
				②对燃气轮机的调节系统改造未进行可行性论证和审核	3/项		《防止电力生产事故的二十五项重点要求》（国能安全〔2014〕161 号）8.5.12 要慎重对待调节系统的重大改造，应在确保系统安全、可靠的前提下，对燃气轮机制造商提供的改造方案进行全面充分的论证	5.6.1.5	一般
12.7	燃气轮机可靠性管理	25	查阅可靠性管理工作有关规章制度等	①未制定可靠性管理工作规范；可靠性管理人员无证上岗	5		《燃机发电企业可靠性管理规定》（企业标准）加强公司发电设备的可靠性管理，通过对设备故障数据的统计、分析，找到规律性的原因，准确地认识设备存在的问题，为设备整治提供依据，提高设备的可利用率，确保机组的安全经济运行，实现企业经济效益最大化	5.6.1.6	一般
				②未建立可靠性信息管理系统	5			5.6.1.6	一般
				③可靠性管理工作报告和技术分析报告，存在较大问题；措施制定和实施不及时	3/项			5.6.1.6	一般
				④未进行可靠性管理工作总结，或未开展可靠性管理自查工作	5			5.6.1.6	一般
12.8	燃气轮机设备反措管理	15	查阅运行分析、运行台账、定期分析、运行制度、年度总结、年度反事故技术措施，现场检查制度执行情况	①未制定年度反事故技术措施计划	5		《中国华电集团公司电力安全生产工作规定》（中国华电生制〔2011〕113 号）第三十六条 二级单位应每年根据政府部门、行业主管部门和集团公司下达的反措要求，编制反事故措施计划和安全技术劳动保护措施计划，指导各基层企业编制年度反事故措施计划和安全技术劳动保护措施计划。	5.6.1.5	一般

续表

序号	评价项目	标准分	查证方法	扣分条款	扣分标准	扣分	查 评 依 据	标准化	隐患级别
12.8	燃气轮机设备反措管理	15	查阅运行分析、运行台账、定期分析、运行制度、年度总结、年度反事故技术措施，现场检查制度执行情况	②未严格执行年度反事故技术措施计划或措施未及时补充、修订	2/项		第三十七条 基层企业年度反事故措施计划应由分管生产的领导组织，以生产技术部门为主，安监、工程（基建）、计划、工会等有关部门参加制定；安全技术劳动保护措施计划由分管安全工作的领导组织，以安监、劳动人事、工会等部门为主，各有关部门参加制定。 第三十八条 反事故措施计划应根据上级颁发的反事故技术措施、需要消除的重大缺陷、提高设备可靠性的技术改进措施以及本企业事故防范对策进行编制。反事故措施计划应纳入检修、技改计划	5.6.1.5	一般
12.9	燃气轮机检修记录、资料及台账	100	查阅检修记录、检修总结、设备出厂及改造资料、设备台账、压力容器登录簿等	①无燃气轮机 A/B 级修记录、总结	3/项		《中国华电集团公司火电机组检修管理办法（B 版）》（中国华电火电制〔2014〕424 号） 见附件四	5.6.1.4	一般
				②燃气轮机 A/B 级修记录、总结有漏项	2/项				一般
				③燃气轮机有关技术资料（检修项目进度和网络图、质量监督验收计划、机组设备运行分析报告、检修工艺纪律、检修项目安全、组织、技术措施、检修作业工艺卡、检修现场定置图、设备异动单等）有缺项或有误	2/项			5.6.1.4	一般
				④燃气轮机设备台账不齐全	3/项				一般

序号	评价项目	标准分	查证方法	扣分条款	扣分标准	扣分	查 评 依 据	标准化	隐患级别
12.9	燃气轮机检修记录、资料及台账	100	查阅检修记录、检修总结、设备出厂及改造资料、设备台账、压力容器登录簿等	⑤未制定设备责任制；无设备质量管理制度、缺陷管理制度、设备异动管理制度、设备保护投退制度等；制度制定不完善	3/项		《中国华电集团公司火电机组检修管理办法（B版）》（中国华电火电制〔2014〕424号）见附件四	5.6.1.2	一般
				⑥设备治理规划和年度治理计划未落实	5				一般
				⑦新增或改造设备未严格履行验收制度	2/处			5.6.1.2	一般
				⑧异动管理、保护投退等不按规定办理；设备缺陷未按时消除	3/处			5.6.1.2	一般
				⑨备品、备件储备不能满足要求	5			5.6.1.2	一般
				⑩图纸、资料不全；未及时归档	2/项			5.6.1.2	一般
				⑪拆除设备未制定和落实拆除方案；拆除设备中含有危险化学品而未清洗即报废	3/项			5.6.1.2	一般
12.10	燃气轮机设备事故档案	20	查阅检修技术管理、检修总结、技术监督	①未建立燃气轮机事故档案	3/台		《防止电力生产事故的二十五项重点要求》（国能安全〔2014〕161号）8.6.18　建立燃气轮机组事故档案，记录事故名称、性质、原因和防范措施	5.6.1.2	一般
				②燃气轮机事故记录不齐全	2/处				一般

序号	评价项目	标准分	查证方法	扣分条款	扣分标准	扣分	查 评 依 据	标准化	隐患级别
12.11	燃气轮机热部件返修台账	20	查阅检修技术管理、检修总结、技术监督	①未建立燃气轮机返修档案	3/台		《防止电力生产事故的二十五项重点要求》（国能安全〔2014〕161 号） 8.6.19 建立转子技术档案，包括制造商提供的转子原始缺陷和材料特性等原始资料、历次转子检修检查资料；燃气轮机组主要运行数据、运行累计时间、主要运行方式、冷热态启停次数、启停过程中的负荷的变化率、主要事故情况的原因和处理；有关转子金属监督技术资料完备；根据转子档案记录，定期对转子进行分析评估，把握转子寿命状态；建立燃气轮机热通道部件返修使用记录台账	5.6.1.2	一般
				②返修记录不齐全	2/处				一般
13	标示标牌	40							
13.1	管道油漆、色环、介质名称、流向标志	25	现场检查	①缺漏	2/处		1. 《火力发电厂保温油漆设计规程》（DL/T 5072—2007） 9.1.7 为便于识别，管道的介质名称及介质流向箭头应符合下列规定： 1 管道弯头、穿墙处及管道密集、难以辨别的部位，必须涂刷介质名称及介质流向箭头；介质名称可用全称或化学符号标识。 2 管道的介质名称及介质流向箭头的位置和形状如图 9.1.7（略）所示，图中的尺寸数值见表 9.1.7（略），介质流向箭头的尖角为 60°。 3 当介质流向有两种可能时，应标出两个方向的流向箭头。 4 介质名称和流向箭头可用黑色或白色的油漆涂刷。 5 对于外径小于 76mm 的管道，当在管道上直接涂刷介质名称和介质流向箭头不易识别时，可在需要识别的部位挂设标牌，标牌上应标明介质名称，并使标牌的指向尖角指向介质流向。		一般
				②色标不够清晰	1/处				一般
				③色标不规范、不正确	2/处				一般

续表

序号	评价项目	标准分	查证方法	扣分条款	扣分标准	扣分	查 评 依 据	标准化	隐患级别
13.2	主、辅设备及阀门的名称、编号、标志	15	现场检查	①编号、方向或标志缺漏	2/处		2. 中国华电集团公司《电力安全工作规程（热力和机械部分）（2013 年版）》 8.2.11 燃气管道安全要求：燃气管道上应设放散管、取样口和吹扫口，其位置应能满足管道内气体吹扫、置换的要求。工艺管线的涂色符合标准。 厂外燃气管道沿线应设置里程桩、转角桩、标志桩和测试桩。输气管道采用地上敷设时，应在人员活动较多和易遭车辆、外来物撞击的地段采取保护措施，并设置明显的警示标志。 厂内燃气管道沿线宜设置路面标志。对混凝土和沥青路面，宜使用铸铁标志；对人行道和土路，宜使用混凝土方砖标志；对绿化带、荒地和耕地，宜使用钢筋混凝土桩标志。		一般
				②编号、方向或标志不够清晰	1/处		铸铁标志和混凝土方砖标志埋入后应与路面平齐；钢筋混凝土桩标志埋入的深度，应使回填后不遮挡字体。混凝土方砖标志和钢筋混凝土桩标志埋入后，应采用红漆将字体描红。 3.《燃气—蒸汽联合循环电厂设计规定》（DL/T 5174—2003） 7.2.5 （12）埋地天然气管道应设置转角桩、交叉和警示牌等永久性标志；易受到车辆碰撞和破坏的管段，应设警示牌，并采取保护措施。 4.《输气管道工程设计规范》（GB 50251—2003） 4.5.1 输气管道沿线应设置里程桩、转角桩、交叉和警示牌等永久性标志。 4.5.2 里程桩应沿气流前进方向左侧从管道起点至终点，每公里连续设置。阴极保护测试桩可同里程桩结合设置。 4.5.3 埋地管道与公路、铁路、河流和地下构筑物的交叉处两侧应设置标志桩（牌）。 4.5.4 对易于遭到车辆碰撞和人畜破坏的管段，应设置警示牌，并应采取保护措施		一般

序号	评价项目	标准分	查证方法	扣分条款	扣分标准	扣分	查 评 依 据	标准化	隐患级别
14	燃气轮机管理诚信评价	295	查阅资料，现场检查	①存在弄虚作假或隐瞒行为	10～20		《国务院安全生产委员会关于加强企业安全生产诚信体系建设的指导意见》（安委〔2014〕8号）略		
				②重大安全隐患未按规定管控	10～20				
				③自查评、各类安全检查流于形式	10～20				
				④制度或措施不完善或执行不到位	10～20				
				⑤存在其他非法、违法行为	10～20				

注　标准化一栏的序号为《发电企业安全生产标准化规范及达标评级标准》相应条款序号。查评人员在开展安全评价查评过程中可对照相应条款开展标准化查评工作。

附件一 《电厂运行中汽轮机油质量标准》（GB 7596—2008）3

3 技术要求

3.1 新汽轮机油的验收应按照 GB 11120 进行。

3.2 运行中汽轮机油和燃气轮机油的质量应符合表1及表2的规定。

3.3 运行中汽轮机油和燃气轮机油的常规检验周期和检验项目按照 GB/T 14541 的规定执行。

3.4 机组运行中补油按 GB/T 14541 的规定执行。

3.5 运行中汽轮机油防劣措施参见附表 A（略）。

表 1 运行中汽轮机油质量

序号	项 目		设备规范	质量标准	检验方法
1	外状			透明	DL/T 429.1
2	运动黏度（40℃）mm²/s	32[a]		28.8～35.2	GB/T 265
		46[a]		41.4～50.6	
3	闪点（开口杯）℃			≥180，且比前次测定值不低于10℃	GB/T 267 GB/T 3536
4	机械杂质		200MW以下	无	GB/T 511
5	洁净度[b]（NAS 1638），级		200MW及以上	≤8	DL/T 432
6	酸值 mgKOH/g	未加防锈剂		≤0.2	GB/T 264
		加防锈剂		≤0.3	
7	液相锈蚀			无锈	GB/T 11143
8	破乳化度（54℃）min			≤30	GB/T 7600 或 GB/T 7601

续表

序号	项 目	设备规范	质量标准	检验方法
9	水分 mg/L		≤100	GB/T 7600 或 GB/T 7601
10	起泡沫试验 mL	24℃	500/10	GB/T 12579
		93.5℃	50/10	
		后 24℃	500/10	
11	空气释放值（50℃）min		≤10	SH/T 0308
12	旋转氧弹值 min		报告	SH/T 0193

a 32、46 为汽轮机油的黏度等级。

b 对于润滑油系统和调速系统共用一个油箱，也用矿物油的设备，此时油中洁净度指标应参考设备制造厂提出的控制指标执行。

表 2 运行中燃气轮机油质量

序号	项 目		质量指标	检验方法
1	外观		清洁透明	DL/T 429.1
2	颜色		无异常变化	DL/T 429.2
3	运动黏度（40℃）mm²/s	32[a]	28.8～35.2	GB/T 265
		46[a]	41.4～50.6	
4	酸值		≤0.4	GB/T 264
5	洁净度（NAS 1638），级		≤8	GB/T 432
6	旋转氧弹值		不比新油低 75%	SH/T 0193
7	T 501 含量		不比新油低 25%	GB/T 7602

a 32、46 为汽轮机油的黏度等级。

附件二 《中国华电集团公司技术监督管理办法（A 版）》

（华电生〔2011〕640 号）

中国华电集团公司技术监督管理办法（A 版）

第一章 总 则

第一条 为进一步加强中国华电集团公司（以下简称集团公司）技术监督管理，提高发电设备可靠性，保证集团公司所属发电企业安全、优质、经济运行，根据国家和行业标准，结合集团公司生产管理实际，特制定本办法。

第二条 技术监督工作贯彻"安全第一，预防为主"的方针，实行技术负责人责任制。按照依法监督、分级管理的原则，对发电设备从设计审查、招标采购、设备选型及制造、安装调试及验收、运行、检修维护、技术改造和停备用的所有环节实施闭环的全过程技术监督管理。

第三条 技术监督工作以安全和质量为中心，以标准为依据，以计量为手段，建立质量、标准、计量三位一体的技术监督体系。

第四条 依靠科技进步，采用和推广成熟的、行之有效的新技术、新方法，不断提高技术监督水平。

第五条 本办法适用于集团公司各分公司、子公司、上市公司和有关专业公司（以下简称"分支机构"）及所管理的发电企业。

第二章 技术监督主要内容

第六条 集团公司实施金属、化学、绝缘、环保、热工、继电保护及安全自动装置、节能、电测、电能质量、励磁、汽（水）轮机、水工十二项技术监督。

第七条 技术监督的内容：

（一）金属监督：高温承压部件；承压汽水管道和部件；汽包和直流锅炉的汽水分离器、储水罐；汽轮机大轴、叶轮、叶片、拉金、轴瓦和发电机大轴、护环、风扇叶，对轮螺栓；高温汽缸、汽室、主汽门、调速汽门、喷嘴、隔板

和隔板套；高温紧固件。水力发电机组重要转动部件及重要承重部件、重要水工金属部件。

（二）化学监督：水、汽、油、气、燃料；设备腐蚀、结垢、积盐；设备停（备）用保护；水处理材料；热力设备化学清洗；化学仪表等。

（三）绝缘监督：电气一次设备绝缘性能；防污闪；过电压保护；接地系统。

（四）环保监督：废水、烟气、灰渣；环保设施；噪声。

（五）热工监督：热工参数检测、显示和记录系统；自动调节系统；保护联锁及工艺信号系统；程序控制系统；量值传递系统及各系统所属热工设备。

（六）继电保护及安全自动装置监督：电力系统继电保护装置；安全自动装置；直流系统。

（七）节能监督：锅炉效率、汽轮机热耗、厂用电率、供电煤耗、油耗、水耗、重要辅机单耗及节能降耗的措施等。

（八）电测监督：各类电测量仪表、装置、变换设备及回路计量性能，及其量值传递和溯源；电能计量装置计量性能；电测量计量标准。

（九）电能质量监督：频率和电压质量。

（十）励磁监督：发电机励磁系统性能及指标；整定参数；运行可靠性。

（十一）汽（水）轮机监督：振动；叶片频率；调速保安系统；发电机定子绕组端部特性；汽轮机真空系统；其他汽轮机辅助系统；主要辅机设备等。

（十二）水工监督：

火电厂：主厂房；输煤栈桥；烟囱；冷却塔；灰坝；引排水设施。

水电厂：水库；大坝；引（泄）水建筑物及其基础；两岸边坡；闸门。

第八条 各项技术监督标准按照各专业技术规程和管理规定执行。锅炉压力容器监察与检验工作按技术监督管理要求报送相关管理资料。

第三章 监督机构及职责

第九条 技术监督工作实行集团公司、分支机构、发电企业三级管理。

第十条 集团公司安全生产部为技术监督归口管理部门，科技环保部行使环保监督管理职能，其余 11 项技术监督由安全生产部行使管理职能。集团公司负责制定有关办法贯彻国家、行业有关法律、法规及标准，指导检查各分支机

构、发电企业技术监督工作。

第十一条 各分支机构按照集团公司技术监督工作的有关要求，指导、监督、协调所属发电企业的技术监督工作，选定并督促技术监督服务机构对所辖发电企业进行各项技术监督服务工作。

第十二条 各发电企业是技术监督工作的主体，是发电设备的直接管理者，也是技术监督工作的执行者，必须依据上级有关技术监督政策、规程、标准、制度、技术措施积极主动开展技术监督工作，并对技术监督工作负直接责任。

第十三条 华电电力科学研究院（以下简称"华电电科院"）按照集团公司的要求，代表集团公司对各分支机构及所属发电企业技术监督工作行使指导与监督职能，并对技术监督服务机构监督服务工作进行监督检查。

第四章 技 术 监 督 管 理

第十四条 集团公司所属的火力发电企业设置 12 项技术监督，水力发电企业设置 11 项技术监督。各发电企业按下列统一名称，设立技术监督专责人。

（一）火力发电企业包括：金属、化学、绝缘、环保、热工、继电保护及安全自动装置、节能、电测、电能质量、励磁、汽轮机、水工监督。

（二）水力发电企业包括：水轮机、绝缘、继电保护及安全自动装置、励磁、电测、电能质量、金属、化学、环保、热工、水工监督。

（三）风力发电企业：参照火力发电企业技术监督内容，视设备情况设置技术监督项目。

第十五条 集团公司制定金属、绝缘、化学、热控及继电保护等专业《中国华电集团公司技术监督专业实施细则》，建立统一的信息化管理平台，实现全过程规范化、标准化的管理。

第十六条 对于集团公司制定了实施细则的专业，华电电科院组织对各发电企业技术监督专责人进行培训，各发电企业技术监督专责人在取得集团公司颁发的上岗资格证后，方可从事该专业的技术监督工作。

第十七条 各发电企业在设计审查、设备选型、设备监造、安装、调试、运行、检修、技改、停备用等各阶段，应按《中国华电集团公司技术监督专业实施细则》和相关规程规定的要求，实行全过程的技术监督，及时发现和消除

存在的问题。

第十八条 各发电企业应在每个季度第一个月七个工作日内，向华电电科院报送上季度各专业技术监督总结及报表。

各发电企业应在每年一月份十五日前，向华电电科院报送上年度技术监督工作总结、报表及本年度技术监督工作计划。

华电电科院应及时向集团公司报送季度和年度技术监督工作报告。

第十九条 华电电科院每年抽取部分发电企业进行技术监督检查、评价，对于查评及生产过程中发现的重大问题、普遍问题，华电电科院应组织专题研究。

第二十条 技术监督管理工作的其他要求：

（一）各发电企业要建立健全以总工程师（或生产厂长）为技术监督总负责人的技术监督管理网络和各级监督岗位责任制，聘任的专业技术监督专责人名单，应及时报送集团公司、上级主管部门及华电电科院技术监督部。

（二）各发电企业要认真执行有关专业持证上岗的规定，无证人员不得承担检定（测）、试验工作。

（三）机组发生强迫停运事件后，除按规定报告集团公司外，发电企业应于 7 天内向华电电科院上报事故分析报告，事故分析报告的内容包括事件经过、原因分析、处理情况和防范措施等四方面内容。

第二十一条 华电电科院应按照集团公司要求及专业需要组织召开技术监督专业会议，促进技术监督专业管理。

第二十二条 华电电科院负责制定技术监督考评办法，每年对技术监督管理工作实施考核评比，考评结果上报集团公司，并作为星级发电企业技术监督评分依据；每年进行技术监督先进集体和个人的评选，给予通报表彰。

第五章 附 则

第二十三条 本办法由集团公司公司安全生产部负责解释。

第二十四条 本办法自印发之日起执行，2004 年 4 月 27 日颁布的《中国华电集团公司技术监督管理办法（试行）》（中国华电生〔2004〕294 号）同时废止。

附件三　《中国华电集团公司火电企业技术改造管理办法（A 版）》

（中国华电火电制〔2014〕423 号）

中国华电集团公司
火电企业技术改造管理办法（A 版）

第一章　总　　则

第一条　为了进一步加强中国华电集团公司火电企业技术改造工作，提高技术装备水平，保证发电设备的安全、稳定、经济运行，根据国家有关政策及规定，在《中国华电集团公司技术改造管理办法（A 版）》的基础上，制定本办法。

第二条　本办法适用于集团公司，区域子公司、分公司和专业公司（以下简称"二级单位"）以及所属内部核算电厂、全资、控股公司及委托管理的火力发电企业和供热企业（以下简称"火电企业"）。

第三条　技术改造的内容：

技术改造是指对现有设备和设施，以及相应配套的辅助性生产设施，利用国内外成熟、适用的先进技术，以提高其安全性、可靠性、经济性、可调性，满足环保要求、增加生产能力为目的而进行的完善、配套和改造。技术改造的投资形成固定资产，是企业的一种资本性支出。

第四条　技术改造的范围：

（一）消除影响发电机组安全、可靠运行的设备缺陷和公用系统存在的问题；提高效率和出力，挖掘现有设备的潜力；

（二）降低供电煤耗、水耗、厂用电等，提高发电设备的经济性；

（三）改善劳动条件及劳动保护措施；

（四）对发电设备和设施进行延长寿命改造；

（五）按照政策要求新增环保设备、设施或提高环保设备、设施的安全、经济及可靠性；

（六）其他技术改造项目。

第五条　技术改造应遵循满足政策规定、技术进步、效益第一、统筹优化的原则，必须满足国家、行业等在安全、环保、节能降耗等方面的政策规定及要求。

（一）满足政策规定的原则：技术改造必须满足国家、行业的安全、环保、节能等方面的规定，以现行标准为目标，并考虑适当的前瞻性；

（二）技术进步的原则：技术改造必须紧随科技发展和技术进步，充分利用国内外成熟、适用的先进技术，坚持内涵式优化与外延式发展相结合；

（三）效益第一的原则：技术改造应以发电设备安全生产为基础，以经济效益为中心，以节能降耗、提高机组效率为重点；

（四）统筹优化的原则：同期进行涉及多系统的多项技术改造时，应对各系统改造项目的适应性、匹配性以及对生产的影响进行统筹考虑、系统优化，避免重复改造。

列入国家或集团公司关停计划的机组，原则上不再进行重大技术改造。

第二章　职　责　分　工

第六条　集团公司火电产业部是集团公司火电企业技术改造工作的归口管理部门。

（一）负责集团公司火电企业技术改造规划、计划的编制；

（二）负责组织对技术改造项目进行全过程管理、监督、检查、后评估及年度决算审核；

（三）负责重、特大技术改造工程项目技术规范和性能指标发布。

第七条　财务与风险管理部：

（一）负责将技术改造项目年度计划纳入集团公司预算；

（二）负责技术改造项目财务监督管理；

（三）负责指导技术改造项目财政奖励、税收政策争取等。

第八条　二级单位：

（一）负责所属火电企业技术改造项目的评审、申报，计划分解与组织实施；

（二）负责技术改造项目全过程监督和管理；

（三）负责组织、协调、指导技术改造项目的政策奖励申报工作；

（四）按时上报项目计划、项目进展、资金使用情况等材料。

第九条　火电企业：

（一）负责贯彻落实集团公司和二级单位各项规章制度及有关要求；

（二）负责本企业技术改造规划、计划的编制；

（三）负责本企业技术改造项目的储备和申报；

（四）负责技术改造项目具体实施和管理；

（五）负责研究和争取技术改造项目的政策奖励；

（六）按时上报项目计划、项目进展、资金使用情况等材料。

第三章　技 术 改 造 资 金 管 理

第十条　技术改造资金纳入企业预算管理，并在企业资本性收支预算中统筹安排。

第十一条　技术改造项目应按批准的项目和预算计划单独建账，专款专用，不得挪作他用。

第四章　技术改造计划管理

第十二条　技术改造项目分为特大项目、重大项目、一般及零购项目。

特大项目：是指单项费用在 500 万元及以上的项目。

重大项目：是指单项费用在 100 万元及以上、500 万元以下的项目。

一般及零购项目：是指单项费用在 100 万元以下的项目（不含非生产车辆购置），其中零购项目是指用于生产但不在生产现场永久安装的设备及其他与生产、经营有关的固定资产的购置。

第十三条　项目计划编制原则：

（一）制订技术改造项目计划时，必须明确技术改造的方向和目标，计划项目要具有充分的效益分析；

（二）突出重点项目和关键项目；

（三）充分考虑内、外部环境因素，防止短期行为和盲目上项目的做法；

（四）主体改造和与之配套的工程应作为同一项目，没有直接联系的若干独立项目不得合并为一个项目，也不得将一个独立项目进行多项分解；

（五）火电企业计划项目要区分轻重缓急，涉及人身和重大设备安全、不符合国家法律法规或行业标准、存在严重隐患需进行整改的项目，节能减排效益显著的项目应优先安排。项目的排序状况将作为审核立项和批复费用的重要

参考依据。

第十四条　项目立项原则：

（一）安全类项目要着重解决安全性评价、安全生产检查中发现的问题、运行中发现的重大设备隐患，反事故安全技术措施落实等；

（二）节能类项目必须量化预期效果，原则上投资回收期应小于 5 年；

（三）环保类项目应优先考虑列入国家或集团公司环保规划的项目，对不符合国家环保法律法规、行业标准或存在严重隐患进行改造的项目。

第十五条　年度技术改造项目计划的申报：

（一）每年 10 月 25 日前，二级单位上报下一年度技术改造项目计划［具体格式见附件 1（略）］。

（二）重、特大项目应充分论证并提供项目建议书、可行性研究报告等支持性材料。支持性材料应包括必要性分析、可行性分析、初步设计或设计方案、风险分析、工程概算、预期效果、项目实施计划和管理措施等内容。

（三）跨年度实施的项目应在年度计划中提出申请。

第十六条　技术改造项目计划的审查及批复：

（一）集团公司根据安全生产实际情况及当年用于资本性支出的资金情况，综合考虑各单位的电量计划、检修计划、安全及设备状况和生产经营等情况，批复技术改造资金总额，并参考火电企业的项目排序对相关火电企业的技术改造项目逐项审定。

（二）每年 11 月集团公司组织审查次年技术改造项目，次年 1 月 31 日前，集团公司批复年度技术改造项目计划。

（三）2 月 28 日前，二级单位将年度技术改造项目计划下达到火电企业。

（四）3 月 15 日前，二级单位将一般及零购项目分解计划上报集团公司备案。

（五）特大项目实行事前审批制度。特大项目须逐项申报，由二级单位在项目开工前提出开工申请，集团公司批复后方可开工。申请开工报告应包括计划实施时间、技术方案、实施后预期效果、投资估算、项目组织、招标方式、风险分析等内容。

第十七条　技术改造项目计划实行刚性管理。原则上集团公司每年度对技术改造项目计划只集中审批一次，除特殊情况单独处理外，不再补充批复。重、特大技术改造项目当年完成率要达到 100%。原则上重、特大项目计划不能变

更，确需调整的，如项目取消、新增、跨年延期及预算调整等须由二级单位在每年 7 月 15 日前将项目调整申请上报集团公司审批。

第五章　项目实施管理

第十八条　技术改造项目原则上实行项目负责人制、招投标制、工程监理制、合同管理制、竣工验收制和项目后评估制管理。

第十九条　二级单位督导火电企业做好技术改造项目可研、开工、招标、设计、施工、验收、后评估等阶段工作，做好工程安全、质量、工期及造价的全过程监督与管理工作。

（一）二级单位组织特大技术改造项目可研评审及性能考核试验工作。

（二）严格执行国家招投标管理法律法规及集团公司相关规定，严格履行招投标程序。

（三）项目负责人负责项目的全过程管理。特大项目应由项目单位成立组织机构，明确各级相关管理人员在项目中的责任，同时二级单位应明确项目联系人负责项目协调管理。外委项目，要求受委托单位安排相应的责任人，负责委托合同责任范围内的全部管理和协调工作。

（四）二级单位在每月 15 号前上报特大项目进展情况、每季度 15 号前上报重大项目进展情况和技术改造预算进度。项目进展情况包括：项目进度、招评标进展（包括招标方案、评标报告、招标结果批复）、费用进度、项目竣工验收情况、存在问题与解决办法等。

（五）特大环保技术改造项目须按集团公司工期计划按期进行 168h 试运行，在完成 168h 试运行后须形成总结报告上报集团公司，完成 168h 试运行两个月后、六个月内进行性能验收试验。

第二十条　技术改造项目实施预算管理，特大项目、重大项目开工前应编制项目预算，项目实施不得突破项目预算额度，一般及零购项目不得突破下达额度。特大技术改造项目预算额度以项目开工批复为准。

第二十一条　项目单位应积极争取国家和地方节能、环保等技术改造项目政策奖励。环保技术改造项目单位应及时了解国家和地方的电价补贴政策，项目立项后及时向地方政府备案，积极与省级物价等部门进行沟通，确保项目投产后及时落实补贴电价。

第二十二条　在建工程项目如遇终止、报废或毁损情况，二级单位应组织对项目进行评估，对已发生费用进行审计，并形成意见上报集团公司审批。

第六章　项目验收及后评估

第二十三条　二级单位负责重、特大技术改造项目的竣工验收工作。竣工验收应在项目完工后三个月内完成，竣工验收可采取专家会议验收、现场考察、书面评议等形式，主要验收以下内容：项目执行情况总结报告、项目竣工环境保护验收监测报告（环评项目）、第三方性能考核试验报告（特大项目）、工程投资完成情况、竣工图等相关资料。

第二十四条　由环保主管部门批复项目环境影响报告书（表）的环保类技术改造项目，二级单位应监督、指导火电企业按照国家法律法规或行业标准办理环保相关验收报告。

第二十五条　项目单位应及时总结技术改造项目的立项、审批、招标、施工队伍选择、采购、资金及质量控制、改造前后的设备性能和经济性比较等情况并形成文件资料移交档案管理部门归档，主要内容包括项目立项前调研报告、项目可行性研究报告（或项目建议书）、立项批复文件、开工申请、开工批复、项目实施方案、设备异动申请、内部开工会签、施工安全、技术措施、质检点控制资料、技术报告、试验记录、竣工图纸、检修交代、规程修订内容、异动竣工报告等。

第二十六条　二级单位每年 12 月底前须全面检查火电企业年度技术改造项目完成情况，认真总结并将技术改造项目完成情况汇总表［见附件 2（略）］及文字总结上报集团公司，文字总结应包括项目竣工验收报告、技术改造资金完成情况、财务决算、项目完成率、工程招投标情况、工程管理情况及重点项目的改造效果等，对检查出来的改、串、并及无计划项目要重点说明，并提出处理意见。

第二十七条　项目后评估：

（一）技术改造项目后评估要坚持"真实、客观、科学、严谨"的原则，以改造后性能鉴定试验为依据，认真分析实际运行情况与试验数据、评判可研预期、评估实际改造效果、分析资金使用情况、总结经验教训、提出合理的改进措施和建议，杜绝捏造数据和主观臆断。

（二）技术改造项目竣工验收三个月后、半年内尽快组织开展项目后评估工作，后评估内容应包括项目运营情况、技术评价、投资分析和效益分析等。

（三）重、特大项目后评估由二级单位负责组织开展并将后评估报告及时上报集团公司；一般项目后评估由二级单位统筹规划。重点加强节能类项目后评估管理，集团公司对重、特大项目后评估进行抽查。

（四）利用中央预算内资金、部分环保技术改造等项目需要按照国家或地方的有关规定委托第三方进行后评估工作。

第七章 项目审计、决算与考核

第二十八条 重、特大项目须按照集团公司有关规定开展效能监察与审计工作。

第二十九条 技术改造项目严格实行年度决算审核管理。各级单位根据技术改造项目实际完成情况按项目逐项审核年度决算，重点考核以下事项：

（一）计划外项目；

（二）项目单位自定项目的单项费用超过规定权限；

（三）项目执行中随意扩大改造范围或在自定权限内过多立项造成计划费用超支。

第三十条 各级单位在项目立项、实施过程中严格履行本办法相关条款的规定，集团公司每年对项目实施情况进行通报、考核。凡未经批准擅自上项目，计划内项目费用超支，未经批准对项目技术方案或实施范围做较大变更，因项目决策或管理不力导致项目无法开工或竣工且未及时向集团公司汇报，改造效果严重低于预期目标或总结报告明显失实，特大项目未履行开工请示等情况，均属考核范畴。

第三十一条 各级单位应制定严格的责任制度和内部考核制度，对影响技术改造项目安全、质量、经济性、排放指标等问题要追究责任，严格考核。二级单位负责对火电企业技术改造项目及管理进行考核，并随年度技术改造总结向集团公司汇报。

第三十二条 由于可行性研究报告失实或工程管理不力，造成工程质量不佳、项目效益不良、项目拖延、严重超概算的，将追究有关人员责任。

第八章 项目完工后资产转资及报废设备、设施的处理

第三十三条 项目竣工后，对新投入使用的设备、设施等按照集团公司固定资产管理的有关规定及时进行转资。

第三十四条 项目竣工后，对已退役的设备、设施、车辆、构筑物或工器具等应按照集团公司固定资产管理的有关规定履行报废手续。对完成报废手续的设备物资，按照国家和集团公司有关规定进行修废利旧处理。

第九章 附 则

第三十五条 二级单位应根据本办法，制定相应的实施细则对重大项目等进行管理，并报集团公司核备。

第三十六条 本办法由集团公司企业管理与法律事务部会同火电产业部负责解释。

第三十七条 本办法自印发之日起执行。原2005年9月14日发布的《中国华电集团公司技术改造管理办法（A版）》（中国华电生〔2005〕1152号）、2004年7月16日发布的《中国华电集团公司技术改造、大修项目招标管理若干规定》（中国华电生〔2004〕514号）同时废止。

附件四 《中国华电集团公司火电机组检修管理办法（B版）》
（中国华电火电制〔2014〕424号）

中国华电集团公司火电机组检修管理办法（B版）

第一章 总 则

第一条 为进一步加强中国华电集团公司（以下简称"集团公司"）火力发电机组检修管理工作，提高设备检修质量，恢复或改善设备性能，延长设备寿命，有效控制生产成本，确保设备安全、可靠、经济、环保运行，根据国家有关政策法规、电力行业相关标准、集团公司有关规定等，在《中国华电集团公司火电机组检修管理办法（A版）》的基础上，修改制定本办法。

第二条 检修管理贯彻"预防为主、计划检修"的方针，坚持"应修必修，修必修好"的原则，以定期检修为基础，以检修的安全和质量为保障，以精密点检为手段，逐步增大实施状态检修设备的比重，最终形成一套融定期检修、

故障检修、状态检修为一体的优化检修模式。

第三条　状态检修是设备检修管理的发展方向,发电企业要重视设备状态的监测,逐渐完善设备测点,使用先进的测试仪器、仪表和分析方法,加强设备状态分析,根据不同设备的重要性、可控性和可维修性,循序渐进地开展状态检修工作。集团公司鼓励各发电企业积极开展状态检修的研究和实践,并使状态检修工作有序进行。

第四条　持续推进机组检修全过程规范化管理,不断夯实检修管理基础。以提高设备可靠性、经济性和环保性能为核心,深入排查设备故障因素,分析设备性能劣化倾向,研究探索机组检修在管控手段、技术支撑、评价考核等各个方面的管理模式和方法,积极推进机组检修精细化管理。

第五条　机组检修实行预算管理、成本控制,严格费用科目管理,检修费用不得挪作他用;提倡修旧利废,坚决避免大拆大换。

第六条　本办法适用于集团公司,区域子公司、分公司和专业公司(以下简称"二级单位")以及所属内部核算电厂、全资、控股公司及委托管理的火力发电企业(以下简称"火电企业"),供热企业参照执行。

第二章　管　理　职　责

第七条　集团公司火电产业部是集团公司火电机组检修工作的归口管理部门:

(一)负责制定集团公司设备检修管理相关规章制度,贯彻落实集团公司检修管理工作目标及要求;

(二)负责指导、监督、考核各二级单位和火电企业的检修管理工作;

(三)负责各二级单位和火电企业检修等级组合规划的审核;

(四)负责重大及以上检修特殊项目的审批和项目实施过程的监督;

(五)负责二级单位年度检修费用计划的审批和决算的审核。

第八条　集团公司财务与风险管理部职责:

(一)负责综合平衡各项费用,并将年度检修费用计划纳入集团公司预算;

(二)负责年度检修费用的财务监督管理;

(三)负责指导相关的财政奖励、税收优惠政策争取等。

第九条　二级单位职责:

(一)负责贯彻落实集团公司检修管理有关要求,分解制定本单位内部有关管理制度;

(二)负责指导、监督、考核各火电企业的检修管理工作;

(三)负责所属火电企业检修项目及费用的计划分解;

(四)负责所属火电企业检修等级组合规划和年度检修工期计划的审批;

(五)负责所属火电企业检修项目实施及检修全过程的监督和管理。

第十条　火电企业职责:

(一)负责贯彻落实集团公司和二级单位各项规章制度及有关要求,分解制定本企业内部有关管理细则;

(二)负责按时上报检修等级组合规划和年度检修计划;

(三)负责按照机组检修全过程规范化管理要求,做好检修具体实施工作,对安全、质量、工期、成本等进行有效控制。

第三章　检修方式和检修等级

第十一条　检修方式:

(一)发电设备的检修方式分为定期检修、状态检修、改进性检修和故障检修四类。

1. 定期检修是一种以时间为基础的预防性检修,根据设备磨损和老化的统计规律,事先确定检修等级、检修间隔、检修项目及需用备件、材料等的检修方式;

2. 状态检修是指根据状态监测和诊断技术提供的设备状态信息,评估设备的状况及其零部件寿命,在故障发生或零部件寿命终结前进行检修的方式;

3. 改进性检修是指对设备先天性缺陷、频发故障或运行效率低下等,按照当前设备技术水平和发展趋势进行改造,从根本上消除设备缺陷,以提高设备的技术性能和可用率,并结合机组检修过程实施的检修方式;

4. 故障检修是指设备在发生故障或其他失效时进行的非计划检修。

(二)火电企业以点检定修为基础,建立"日常点检,定期体检,精密诊断跟踪"的设备管理模式,优化检修项目、计划,推动优化检修的实施。以精密诊断为基础,建立"火电企业—二级单位—集团公司"三级远程诊断管理系统,不断提高设备状态分析准确性。

第十二条　检修等级:

检修等级是以发电设备检修规模和停用时间为原则制定的,集团公司将机组检修分为大修、小修两个等级。

（一）大修是指对发电主设备进行全面的解体检查和修理，以保持、恢复或改善设备性能，辅机及辅助设备检修可以结合状态监测在一个大修周期间隔内滚动安排。

（二）小修是指根据设备的磨损、老化规律，有重点地对发电设备进行检查、评估、修理、清扫。小修可进行少量设备零部件的更换、设备的消缺、调整、预防性试验等作业以及实施部分大修项目或定期滚动检修项目。

第十三条 根据机组运行可靠性情况，如需在机组小修过程中安排工作量大、实施周期长的重大检修特殊或技改项目，从而导致机组检修时间（日数）增加，可安排扩大性小修（简称"扩小"），工期应依据该重大检修特殊或技改项目来定（原则上应少于大修工期）。扩大性小修中应针对某些设备存在的问题，对其进行解体检查和修理，同时可根据设备状态评估结果，有针对性地实施部分大修项目或定期滚动检修项目。扩大性小修必须在年度检修组合规划及检修计划申报时特别注明，并经上级公司批准后方可执行。

第四章 检修间隔和停用时间

第十四条 检修间隔。

机组检修间隔是指从该机组上次检修复役后正式交付电网调度时开始，至下一次检修开始时所经历的时间。

根据火电企业机组设备检修的经验和设备状况，各等级机组检修间隔规定如下：

机组类型	大修间隔（年）	备　　注
600MW 及以上汽轮发电机组	4～6	进口汽轮发电机组大修间隔为 6～8 年。
2003 年及以后投产的 300MW（含）至 600MW（不含）机组	4～6	鼓励将经过精细化检修的机组大修间隔适当延长
2003 年以前投产的 300MW（含）至 600MW（不含）机组	4～6	大修间隔为 6 年的可视情况增加一次扩小
300MW（不含）以下机组	4～6	

续表

机组类型	大修间隔（年）	备　　注
主变压器	≥10	推荐采用计划检修和状态检修相结合的检修策略，检修项目应根据运行情况和状态评价的结果动态调整；每年可安排一次小修
附属设备及辅助设备		随主机检修安排或按设备状态监测和制造厂家要求进行

配备循环流化床锅炉或采取低压缸高背压双转子互换供热的机组，每年可根据设备及供热等实际情况再安排一次计划性小修；燃气机组检修间隔按照制造厂家要求实施。

第十五条 新投产机组进入商业运行后按照下述规定安排检修计划。

（一）新投产机组第一次大修（即检查性大修）时间可根据制造厂要求、合同规定及机组投产后运行情况、实际运行小时数确定，若制造厂无明确规定，原则上要安排在投产后一年左右进行（应在设备质保金支付前进行）；

（二）若机组投产后一年内实际运行时间不足 4380h，可适当推迟安排检查性大修：

1．累计运行小时数达 6000h 左右时，宜安排检查性大修；

2．累计运行小时数达到 4380h 且投产后满两年，宜安排检查性大修；

3．累计运行小时数满 6000h 且投产后满两年，应立即安排机组进行检查性大修。

（三）新投产机组要按时开展检查性大修，原则上不推迟，如确需推迟要进行安全性及经济性论证，并报集团公司批准。

第十六条 停用时间。

机组大、小修的停用时间是指机组从系统解列（或调度同意检修开工）到检修完毕正式交付电网调度的总时间。

不同容量机组各等级计划检修的停用时间规定如下：

计划检修级别机组容量 P（MW）	大修（天）	小修（天）
50≤P＜100	25	7
100≤P＜200	32～38	9～12
200≤P＜300	45～48	14～16
300≤P＜500	50～58	18～22
500≤P＜750	60～68	20～26
P≥750	70～80	26～30

　　实施精细化检修的机组，检修时间可在上表的基础上适当延长。母管制锅炉和供热汽轮发电机组的检修停用时间，可根据其锅炉铭牌出力所对应的冷凝式汽轮发电机组容量按上表执行。

　　对相应等级检修中实施重、特大技术改造项目的机组，可适当放宽机组停用时间的限制，但必须报集团公司批准。

　　第十七条　对主设备技术状况不良或存在重大设备安全隐患的机组，为确保机组的安全，以及由于其他原因确需提前大修时，经过技术论证并报集团公司批准后方可执行。

　　第十八条　火电企业根据生产实际需要变更机组检修等级或检修工期时，必须提前取得二级单位同意并报集团公司备案，若因此引起检修费用调整，必须经集团公司批准后实施。机组在计划检修过程中，如发现重大缺陷需要变更检修天数、变更检修级别时，应在计划检修工期过半之前向集团公司提出申请，经批准后实施。

　　第十九条　根据设备状态，鼓励利用机组停备机会进行设备的检查、消缺，适当延长检修间隔、缩短检修时间。检修项目可根据设备的状况、状态监测的分析结果进行合理增减。经过设备诊断，在设备状态允许的情况下，经上级公司批准，可以取消计划内的定期小修。

第五章　检修项目和检修计划

　　第二十条　检修计划包括定期滚动检修计划、年度检修计划，检修项目包括标准项目和特殊项目。

　　第二十一条　检修标准项目。

　　（一）大修标准项目的主要内容：

　　1．制造厂要求的项目；

　　2．主、辅机设备全面解体、清扫、测量、调整和修理的项目；

　　3．定期监测、试验、校验和鉴定的项目；

　　4．按规定需要定期更换零部件的项目；

　　5．各项技术监督规定的检查项目；

　　6．消除设备和系统存在的缺陷和隐患的项目；

　　7．设备防磨、防爆、防腐检查项目；

　　8．执行年度安措、反措需安排的项目；

　　9．安全性评价、隐患排查需要整改的项目；

　　10．节能评价（或节能剖析）需要整改的项目。

　　（二）小修标准项目的主要内容：

　　1．消除设备和系统存在的缺陷和隐患的项目；

　　2．根据滚动检修计划确定的辅机设备解体、清扫、测量、调整和修理的项目；

　　3．定期监测、试验、校验和鉴定的项目；

　　4．防磨防爆以及部分技术监督检查项目；

　　5．执行年度安措、反措需安排的项目；

　　6．安全性评价、隐患排查治理需要整改的项目；

　　7．节能评价（或节能剖析）需要整改的项目。

　　第二十二条　检修特殊项目。

　　检修特殊项目是指在标准项目以外，为消除设备先天性缺陷或频发故障，对设备的局部结构或零部件进行更新或改进，恢复设备性能和使用寿命的检修项目；或部分落实反事故措施及节能措施需进行的项目。

　　检修单项费用在10万元及以上、100万元以下的为一般特殊项目，检修单项费用在100万元及以上的为重大特殊项目。

　　第二十三条　实施精密点检的火电企业，检修前要开展设备总体检，对设备修前状态进行评估诊断，根据评估结果安排有针对性的检修项目，并对标准项目内容进行合理优化。

　　第二十四条　定期滚动检修计划的编制。

（一）火电企业应根据生产实际情况，按照检修等级和检修间隔要求，编制"机组检修等级组合规划表"，格式见附件1（略）；

（二）火电企业应结合"检修等级组合规划表"，编制"机组（设备）定期滚动检修计划表"，格式见附件2（略）。定期滚动检修计划应至少包括以下内容：

1. 对各机组在一个大修间隔内需要进行的重大特殊项目进行预安排。

2. 充分考虑节能、环保设施的运行周期，对节能、环保设施检修项目进行预安排。

3. 对包括生产建筑物（厂房、建筑物、构筑物、煤场、灰坝等）和生产附属设施（道路、护坡及与生产相关的生活设施等）在内的公用设备和系统进行滚动检修，并制定相应的定期滚动检修台账。原则上在一个大修间隔内所有公用系统的标准项目都必须进行。

4. 对供热系统设备属于机组相关的，随机组检修编制定期滚动检修计划；属于热网系统的，按管理权限分别编制定期滚动检修计划。

第二十五条　年度检修计划的编制。

（一）火电企业应根据主、辅设备的检修间隔、设备的技术指标和健康状况，并与电网调度部门沟通协调，结合机组检修等级组合规划和定期滚动检修计划安排，合理编制年度检修计划。年度检修计划包括检修工期计划、检修项目计划。

（二）单元制机组以机组为独立单元列入年度检修计划，母管制机组以锅炉、汽轮发电机组为独立单元列入年度检修计划。脱硫、脱硝系统不单独编制，但要作明确说明。

（三）公用系统设备按系统分类作为独立项目列入年度检修计划之内。公用系统一般指高压配电系统、启动变压器、公用厂用电系统、输煤（包括运煤设施和上煤设施）、压缩空气、除灰、除渣、燃油、化水、制氢、氨站、氧站、消防、空调及热网等系统及设备。

（四）生产建筑物（厂房、建筑物、构筑物、灰坝、水工建筑等）按照独立的建筑物列入年度检修计划。

（五）非生产性设施（主要生活设施、道路、护坝等）应逐项列入年度检修计划。

（六）特殊项目应逐项列入年度检修计划。

（七）热网系统由热网所属单位单独编制检修计划。

第二十六条　年度检修计划的申报和批准。

（一）审批权限：

1. 年度检修计划审批实行"统一管理、分级控制"的原则。

2. 集团公司负责审批二级单位年度检修（项目、费用）计划资金总额；负责审批检修重大特殊项目。

3. 二级单位依据集团公司审定的年度检修（项目、费用）计划资金总额，分解并审批所属火电企业年度检修（项目、费用）计划；负责审批预算金额100万元以下的检修特殊项目。

（二）时间安排：

1. 各火电企业结合生产实际，编制机组检修等级组合规划、设备定期检修滚动计划、下年度机组检修工期计划、项目计划（应包括检修重大特殊项目可研报告），经过充分论证和审核后，上报至上一级项目批准单位；

2. 每年10月25日前，各二级单位向集团公司上报次年检修计划及相关材料；

3. 每年1月31日前，集团公司批复年度检修计划，一季度实施的检修项目及费用计划实施预批复；

4. 每年2月28日前，二级单位尽快将年度检修计划分解下发到各火电企业；

5. 上市公司、有限公司依据集团公司批复意见，报董事会通过后执行。

第二十七条　年度检修计划的落实和调整。

（一）检修计划批复下达后，二级单位和火电企业要严格执行；

（二）机组检修的实际开、停工时间应根据当地电力市场和调度部门要求安排，一般不得与原计划相差两个月以上，否则应上报集团公司备案；

（三）火电企业因故要求延长检修工期时，应履行审批程序，并经电网调度批准后按照新计划执行；

（四）检修计划经过批准后，如果火电企业要求调换检修机组或需要增减重大特殊项目，必须履行审批程序，如果增减的重大特殊项目对检修的工期产生影响，应向所在的调度部门申报并获得批准；

（五）在不影响电网调度和备用的前提下，鼓励火电企业利用电网负荷"低谷"时间，事先申请并经电网调度批准后，不停机进行设备的消缺及维护工作；

（六）集团公司鼓励各火电企业利用节假日或机组调停机会进行机组消缺和维修工作以替代小修，相应的费用将在检修或维修费用中予以考虑。

第六章　检修物资准备和费用管理

第二十八条　检修物资准备：

（一）为保证检修任务的顺利完成，检修计划确定后，应提前 3～6 个月开展备品配件和特殊材料的订货以及内外技术合作攻关等；

（二）对标准项目及部分特殊项目，应在分析历次检修用料的基础上制定材料消耗定额，开展预算管理，加强物资领用管理，降低检修成本；

（三）物资采购应实行招投标管理；

（四）充分利用集团公司 ERP 系统，实行物资材料的选型、采购、到货验收、发放使用等全过程管理。

第二十九条　检修费用：

（一）检修费用是指为了提高发电设备及其附属设备、系统、设施的安全、经济和环保性能，延长发电设备的使用寿命而支出的费用。

（二）检修费用计划实施定额管理。铁路维护费、线路维护费根据与铁路部门、供电部门签订合同情况如实列入检修费。

（三）检修费用实行预算管理，从严控制，原则上不得超支。如遇到不可抗力及机组出现重大缺陷，造成预算与实际执行出现较大偏差时，火电企业应及时提出正式申请，经二级单位审核后报集团公司审批。

（四）进行跨年度检修时，检修费用应按照预期发生情况分年度计列。当年检修计划调整为跨年度检修时，要及时上报集团公司进行检修费用的相应调整。

（五）生产设备、设施的检修费用不得用于非生产设备、设施。

（六）提倡修旧利废，节约检修成本。

第七章　检修实施和过程控制

第三十条　二级单位检修过程管理重点工作：

（一）在机组大修开始前，对检修前各项准备工作开展情况进行检查、审查、批复大修开工报告；

（二）在机组大修过程中深入现场，加强过程指导，如遇重大问题，及时组织分析解决并向集团公司汇报；

（三）机组启动 30 天后，组织对机组大修质量进行评估并报集团公司；

（四）对机组大修后的连续安全稳定经济运行情况进行统计，对机组检修全优情况进行认证，对连续运行天数及中断连续运行的原因进行统计、分析并上报。

第三十一条　火电企业检修基础管理重点工作：

（一）编制修订相关检修管理制度及检修工艺规程；

（二）建立设备检修台账并及时记录设备检修情况，加强技术档案管理工作，要收集和整理设备、系统原始资料，实行分级管理，明确各级人员职责；

（三）加强对检修工具、机具、仪器的管理，按照有关管理规定对工器具进行定期的检查和检验；

（四）做好材料和备品的管理工作，编制设备检修项目的备品和配件的定额，合理安排备品配件的到货日期，既要满足检修的工期要求，又要减少库存资金的占用量，提高资金的周转率，并做好备品配件的国产化工作；

（五）建立和健全检修工时、材料消耗和费用统计制度，编制并不断完善设备检修管理的工时和费用定额，使定期检修工作规范化；

（六）建立健全检修外委队伍管理机制，做好外委队伍、人员的资质、业绩审查和过程管控，杜绝以包代管；

（七）加强设备的定期试验工作，做好各种试验的记录；

（八）加强对建筑物和构筑物的管理，做好定期观测、检查及检修的计划和安排。

第三十二条　检修开工前准备工作。

火电企业应在大修开工 6 个月前编制下发《机组大修准备工作全过程管理程序》，从以下七个方面落实各项准备工作，并在大修开工 1 周前编制机组检修开工报告单报二级单位，格式见附件 3（略）。

（一）项目及工期计划落实：

1. 编写检修机组在一个大修间隔内的机组可靠性分析报告，分析并明确影响机组可靠性的主要因素；

2. 组织进行机组修前热力试验，结合机组运行情况提出影响机组经济运行的重点检修项目；

3. 召开运行分析会，汇总、分析机组存在的主要设备缺陷；

4. 组织编写设备总体检报告，对发电设备健康状态进行分析、评估；

5. 组织编写发电设备修前状态评估报告；

6．编制大修项目计划，包括标准项目计划、特殊项目计划、技改项目计划、公用系统和阀门/电机滚动检修计划、防磨防爆检查计划等；

7．编制技术监督项目计划，包括电测/热工仪表周检计划、金属监督计划、化学监督计划、绝缘监督计划、热工监督计划、压力容器强检计划等；

8．结合年度反事故措施计划、节能剖析及其他各项安全检查情况，编制反措、节能项目计划；

9．根据检修项目施工工艺要求，制定需制造厂/电科院配合计划、各专业配合计划；

10．编制机组检修重点项目及主要设备检修控制工期，明确机组检修形象进度计划；

11．编制机组检修网络进度图，并根据实际情况制定各专业的检修网络图及重点项目的专项检修网络图。

（二）安全技术组织措施落实：

1．针对检修特殊项目和技改项目的施工特点，制订专门的施工安全措施、技术措施、组织措施和应急措施；

2．针对特种作业要制定专项施工安全、技术、组织和应急措施（必要时）；

3．根据检修项目情况办理有关的设备异动报告申请手续；

4．根据运行规程、设备系统实际情况及检修季节制定机组停运、设备保护、安全隔离等措施。

（三）物资材料落实：

1．根据确定的检修项目按规定要求提报所需备品、材料等物资需求计划，并做好物资采购、验收和保管工作；

2．根据需要定期召开物资平衡会，检查、落实检修物资的到货情况。

（四）检修工器具、现场布置落实：

1．编制检修主要起吊设备检修计划；

2．对检修用机动车辆进行全面检查和保养；

3．施工机具、专用工具、安全用具、试验设备等按有关规程规定进行安全检查、试验；

4．检查计量标准器具的有效周期，对超出有效周期范围的要及时进行送检；

5．绘制检修现场定置管理图；

6．根据检修作业区隔离、安全警示、现场指示等的需要准备必要的安全设施。

（五）组织与人员落实：

1．筹备成立检修指挥部等管理临时组织机构，明确各级人员职责；

2．根据检修项目设置和检修工时定额，核算检修用工，进行检修劳动力平衡，若劳动力不足时要积极协调，二级单位也要加大协调力度；

3．组织检修人员进行安全工作规程、检修工艺规程、设备检修作业文件包、检修工艺纪律、安全技术措施等方面的学习，并考试合格；

4．组织各级质量验收人员学习质量工艺纪律和质量验收程序，并考试合格；

5．组织检修人员学习、讨论检修计划、项目、进度、措施及质量要求，确定检修项目的施工和验收负责人；

6．进行特种作业人员（如起重、高压焊工）的资格审查及考试工作；

7．落实有关检修后勤保障、宣传报道、劳动竞赛等有关事项，形成全厂上下齐抓共管的良好检修氛围；

8．召开检修动员会，明确检修的目标和重要意义，鼓舞士气。

（六）外包工程项目落实：

1．对没有配置检修人员的单位，或对工程项目技术含量较高、工程量较大，火电企业没有能力独立完成的工程项目，可根据确定的检修项目工作量大小制订外包工程项目及实施计划，原则上应尽量减少检修项目的外包比重；

2．外包工程项目要按照有关规定择优选择外包队伍，施工承包方应具有相应的资质、业绩和完善的质量保证体系，并由监审部门对招标工作进行监督，杜绝转包或主体工程分包现象；

3．外包工程项目自立项起，要根据外包工程项目及实施计划明确对外发包项目的管理专责人，对外包项目实行全过程管理；

4．检修开工十天前，根据《中华人民共和国合同法》和检修外包管理的有关规定完成所有检修项目外包施工合同及安全管理协议的签订工作；

5．检修开工七天前，按照相关安全管理规定做好对承包商的安全资质审查、安全培训、安全技术交底等工作；

6．承包方的特种作业人员和计量仪表检定人员必须持有相应的资质证书，使用的机具、仪表应符合有关安全和技术规定，并有合格的校验证书。

（七）检修作业文件落实：

1．火电企业要结合检修机组的设备特点和历次检修经验，按时组织修编相应的检修工艺规程；

2．熟悉设备检修前的运行状况、技术数据和以往的检修历史记录；

3．完成有关技术改造项目的施工方案及图纸；

4．编制修订设备检修作业文件包。

第三十三条　检修过程控制。

火电企业应建立健全检修组织体系和安全、质量保证体系，加强检修过程中的安全、质量、工期控制。

（一）安全控制：

1．检修全过程中，必须坚持"安全第一"的生产方针，明确安全责任，健全检修安全管理制度，切实执行国家和行业的有关安全标准及规范规定，做到检修安全的全员、全过程、全方位控制；

2．严格执行工作票制度和发承包安全协议，落实检修安全、技术、组织和应急措施；

3．加强安全监督检查及考核，定期召开安全分析会，对前阶段安全情况进行总结分析，对发生的不安全情况进行通报，对下阶段安全工作进行部署和安排。

（二）质量控制：

1．检修工作必须贯彻"质量第一、修必修好"的方针，强化检修全过程质量管理，建立完善的质量管理体系和组织机构，编制质量管理手册并组织实施。集团公司鼓励火电企业根据实际情况，在实行"三级验收"的基础上逐步推广执行"ISO9000"系列标准，逐步在大修中推行检修监理制度和检修质量过程管理，以加强对检修质量的监督和考核。

2．大修开工前，编制下发检修质量验收组织措施，明确质检点验收的责任人员与验收方式。检修过程中必须严格按照质量计划中制定的"P""W""H"点执行质量验收。

3．质量检验实行检修人员自检和验收人员检验相结合、共同负责的办法。检修人员必须在检修过程中严格执行检修工艺规程和质量标准；验收人员必须深入检修现场，调查研究，随时掌握检修情况，不失时机地帮助检修人员解决质量问题，工作中应坚持原则，坚持质量标准，认真负责地做好质量验收工作。

4．检修过程中发现的不符合项，应填写不符合项通知单，并按相应程序处理。

5．所有项目的检修施工和质量验收均应实行签字负责制和质量追溯制。

6．新厂新模式单位和最近一次大修没有实现全优的火电企业开展200MW及以上机组检修的，应根据本单位实际情况聘请有资质的技术服务机构对重点检修工程进行全过程监理，明确责任及人员构成，充分发挥其作用，以加强对检修质量的管控。

（三）工期控制：

1．制订大修进度计划时，应采用网络图的方法来统筹规划和管理检修的进度和相互的联系，各单一的检修项目应用甘特图来控制该项目的进度；

2．各级生产管理部门要随时掌握各专业检修工作的进展情况，对主线工期的工作进行跟踪分析，及时修正检修的控制进度，并通过检修协调会贯彻执行；

3．检修期间发现重大设备问题，应立即向上级公司汇报并及时制定解决方案，如影响检修工期时，应在检修工期过半前向上级公司和调度部门提报书面延期申请；

4．各级检修结束后三日之内，火电企业应向二级单位填报"机组检修竣工报告单"[格式见附件4（略）]。

第八章　检修总结与效果评估

第三十四条　火电企业要在机组检修后，及时组织对检修机组进行冷、热态验收，投运后对所有检修设备运行安全性、可靠性、经济性及环保性能进行跟踪，并对检修中发生的问题、原因进行分析，总结经验教训。

第三十五条　机组大修竣工后30天内完成机组修后性能试验，并于试验后30天内提交试验报告，做出评价。

第三十六条　火电企业按规定完成检修技术资料的归档工作，修编检修工艺规程、检修文件包等，完成检修台账补充完善、异动竣工报告等工作。

第三十七条　实施精细化检修的机组，大修后应实现长周期连续安全稳定运行，连续运行时间应达到一年。

第三十八条　火电企业检修后应及时做好决算，90天内写出检修总结报二级单位。

第三十九条　二级单位要加强对检修工作的监督、检查和指导，按月上报检修完成情况汇总表［格式见附件 5（略）］，每年 12 月 31 日前将所辖火电企业的检修完成情况（包括总体完成情况、机组检修全优情况、特殊项目完成率、检修过程中发生的重大事件及资金完成情况）整理、汇总［格式见附件 6（略）］，并报集团公司。

第四十条　机组大修除按《发电企业设备检修导则》（DL/T 838）的要求进行总结外，火电企业还应对下列问题做出进一步跟踪分析：

（一）按照年度检修计划对项目进行分析和评估，对大修标准项目进行必要的调整，对特殊项目进行论证，判断是否达到预期的安全经济、技术进步和环境保护等目标；

（二）对检修中消耗的备品配件及材料进行分析，并对备品配件、材料定额进行修订；

（三）对检修项目的工时费用进行分析总结，有关标准项目的定额报主管部门核准；

（四）对检修外委项目的招标进行说明，对参加检修的队伍资质重新进行评价；

（五）对检修费用进行能效监察，核查是否超计划、是否超定额、是否挪用资金等；

（六）对设备日常维护和运行工作提出建议；

（七）大修之后，要及时进行设备评级，对设备遗留问题应进行重点分析并报二级单位。

第四十一条　每年年底年度财务决算时，集团公司火电产业部会同财务与风险管理部对二级单位检修费使用情况进行会审，对决算结果进行通报。

第九章　附　　则

第四十二条　本办法由集团公司企业管理与法律事务部会同火电产业部负责解释。

第四十三条　本办法自印发之日起执行。原 2005 年 9 月 1 日发布的《中国华电集团公司燃煤机组检修管理办法（A 版）》（中国华电生〔2005〕1102 号）同时废止。

附录一 书中引用标准清单

类别	序号	名　　称	文号/标准号
一、文件	1	发电企业安全生产标准化规范及达标评级标准	电监安全〔2011〕23号
	2	国务院安全生产委员会关于加强企业安全生产诚信体系建设的指导意见	安委〔2014〕8号
	3	防止电力生产事故的二十五项重点要求	国能安全〔2014〕161号
	4	防止20万kW氢冷发电机漏氢、漏油技术措施细则	水电部〔88〕电生火字17号
	5	锅炉压力容器使用等级管理办法	国质检锅〔2003〕207号
	6	压力容器使用登记管理规则	锅质检锅〔2003〕207号
	7	中国华电集团公司《发电企业生产典型事故预防措施》	
	8	中国华电集团公司电力安全生产工作规定	中国华电生制〔2011〕113号
	9	中国华电集团公司技术监督管理办法（A版）	华电生〔2011〕640号
	10	中国华电集团公司电力安全工作规程（热力和机械部分）（2013年版）	中国华电安〔2013〕56号
	11	中国华电集团公司火电企业技术改造管理办法（A版）	中国华电火电制〔2014〕423号
	12	中国华电集团公司火电机组检修管理办法（B版）	中国华电火电制〔2014〕424号
二、标准	1	电厂运行中汽轮机油质量	GB/T 7596—2008
	2	燃气轮机总装技术条件	GB/T 14793—1993
	3	燃气轮机辅助设备通用技术要求	GB/T 15736—1995
	4	城镇燃气设计规范	GB 50028—2009
	5	爆炸危险环境电力装置设计规范	GB 50058—2014
	6	石油天然气工程设计防火规范	GB 50183—2015
	7	工业金属管道工程施工及验收规范	GB 50235—2014

续表

类别	序号	名　　称	文号/标准号
二、标准	8	输气管道工程设计规范	GB 50251—2015
	9	工业企业噪声卫生标准（试行草案）	
	10	火力发电厂金属技术监督规程	DL 438—2009
	11	电力设备典型消防规程	DL 5027—2015
	12	火力发电厂保温油漆设计规程	DL/T 5072—2007
	13	电力建设施工技术规范　第5部分：管道及系统	DL 5190.5—2012
	14	燃气—蒸汽联合循环电厂设计规定	DL/T 5174—2003
	15	城镇燃气设施运行、维护和抢修安全技术规程	CJJ/T 51—2006
	16	燃气轮机　气体燃料的使用导则	JB/T 5886—1991
	17	天然气凝液回收设计规范	SY/T 0077—2008
	18	钢质管道及储罐腐蚀评价标准　埋地钢质管道内腐蚀直接评价	SY/T 0087.2—2012

附录二　火电企业燃机专业安全评价总分表

序号	项　　目	应得分（分）	实得分（分）	得分率（%）	序号	项　　目	应得分（分）	实得分（分）	得分率（%）
1	燃气轮机本体设备				2.1.9	氮气置换、吹扫系统			
1.1	压气机				2.1.10	天然气管道防腐绝缘			
1.2	燃烧室				2.1.11	安全阀、放空阀、压力表阀			
1.3	燃气轮机透平				2.2	天然气区域安全管理			
1.4	燃气轮机转子				2.2.1	管理制度			
1.5	滑销系统				2.2.2	动火工作票制度			
1.6	轴承				2.2.3	防雷、防火、防爆及消防			
1.7	振动及振动保护				2.2.4	防火花工器具			
2	天然气系统				2.3	运行管理			
2.1	设备管理				2.3.1	天然气区域出入管理			
2.1.1	天然气紧急切断阀				2.3.2	天然气系统气体置换工作			
2.1.2	增压站				2.3.3	防止天然气系统着火爆炸事故执行情况			
2.1.3	压力容器（调压站，前置模块、增压站）				3	空气进气系统			
2.1.4	过滤器、除湿器				4	燃气轮机排气系统			
2.1.5	性能加热器、启动电加热器、水浴炉				5	罩壳与通风系统			
2.1.6	排污系统				6	冷却密封系统			
2.1.7	天然气管道和阀门				7	CO_2消防系统			
2.1.8	天然气放散系统				8	可燃气体检测系统			

续表

序号	项　目	应得分（分）	实得分（分）	得分率（%）	序号	项　目	应得分（分）	实得分（分）	得分率（%）
9	水洗及水洗排污系统				11.4	防止燃气轮机超速执行情况			
10	燃气轮机油系统（适用分轴）				11.5	燃气轮机负荷及速率的控制			
10.1	润滑油系统及设备				12	燃气轮机技术管理			
10.2	密封油系统及设备				12.1	燃气轮机运行规程、系统图			
10.3	控制油系统设备				12.2	燃气轮机运行技术管理			
10.4	油系统防火				12.3	燃气轮机停运保养			
10.5	油系统管道、阀门				12.4	燃气轮机检修技术管理			
10.6	主油箱事故放油门				12.5	燃气轮机设备技术监督管理			
10.7	油系统运行管理				12.6	燃气轮机技改管理			
10.7.1	润滑油系统的试验				12.7	燃气轮机可靠性管理			
10.7.2	控制油系统的试验				12.8	燃气轮机设备反措管理			
10.7.3	油系统的切换操作				12.9	燃气轮机检修记录、资料及台账			
10.8	油系统技术管理				12.10	燃气轮机设备事故档案			
11	燃气轮机运行管理				12.11	燃气轮机热部件返修台账			
11.1	燃气轮机启停状态记录				13	标示标牌			
11.2	防止燃气轮机损坏执行情况				13.1	管道油漆、色环、介质名称、流向标志			
11.3	防止燃气轮机燃气系统泄漏爆炸事故执行情况				13.2	主、辅设备及阀门的名称、编号、标志			
					14	燃气轮机管理诚信评价			

附录三 火电企业燃机专业安全评价发现的主要问题、整改建议及分项评分结果

项目序号	主要问题	应得分	实扣分	实得分	整改建议	是否严重问题

评价专业：   评价负责人：

附录四 火电企业燃机专业安全评价检查发现问题及整改措施

日期：

项目序号	发现问题	整改措施	整改日期	责任单位	责任人	完成时间	完成情况

评价专业： 评价负责人：

附录五 火电企业燃机专业安全评价扣分项目整改结果统计表

评价专业： 评价负责人： 第 页

项目序号	标准分	查评实得分	复查实得分	整改情况	复查情况	是否严重问题

附录六　火电企业燃机专业安全性评价专家复查结果表

序号	项目	专家提出问题项目（个）	应整改项目（个）	全部完成项目（个）	部分完成项目（个）	未整改项目（个）	部分完成率（%）	完成率（%）	综合整改率（%）	整改合格率（%）
1	燃气轮机本体设备									
1.1	压气机									
1.2	燃烧室									
1.3	燃气轮机透平									
1.4	燃气轮机转子									
1.5	滑销系统									
1.6	轴承									
1.7	振动及振动保护									
2	天然气系统									
2.1	设备管理									
2.1.1	天然气紧急切断阀									
2.1.2	增压站									
2.1.3	压力容器（调压站，前置模块、增压站）									
2.1.4	过滤器、除湿器									
2.1.5	性能加热器、启动电加热器、水浴炉									
2.1.6	排污系统									
2.1.7	天然气管道和阀门									
2.1.8	天然气放散系统									

续表

序号	项目	专家提出问题项目（个）	应整改项目（个）	全部完成项目（个）	部分完成项目（个）	未整改项目（个）	部分完成率（%）	完成率（%）	综合整改率（%）	整改合格率（%）
2.1.9	氮气置换、吹扫系统									
2.1.10	天然气管道防腐绝缘									
2.1.11	安全阀、放空阀、压力表阀									
2.2	天然气区域安全管理									
2.2.1	管理制度									
2.2.2	动火工作票制度									
2.2.3	防雷、防火、防爆及消防									
2.2.4	防火花工器具									
2.3	运行管理									
2.3.1	天然气区域出入管理									
2.3.2	天然气系统气体置换工作									
2.3.3	防止天然气系统着火爆炸事故执行情况									
3	空气进气系统									
4	燃气轮机排气系统									
5	罩壳与通风系统									
6	冷却密封系统									
7	CO_2 消防系统									
8	可燃气体检测系统									
9	水洗及水洗排污系统									
10	燃气轮机油系统（适合分轴）									

续表

序号	项目	专家提出问题项目（个）	应整改项目（个）	全部完成项目（个）	部分完成项目（个）	未整改项目（个）	部分完成率（%）	完成率（%）	综合整改率（%）	整改合格率（%）
10.1	润滑油系统及设备									
10.2	密封油系统及设备									
10.3	控制油系统设备									
10.4	油系统防火									
10.5	油系统管道、阀门									
10.6	主油箱事故放油门									
10.7	油系统运行管理									
10.7.1	润滑油系统的试验									
10.7.2	控制油系统的试验									
10.7.3	油系统的切换操作									
10.8	油系统技术管理									
11	燃气轮机运行管理									
11.1	燃气轮机启停状态记录									
11.2	防止燃气轮机损坏执行情况									
11.3	防止燃气轮机燃气系统泄漏爆炸事故执行情况									
11.4	防止燃气轮机超速执行情况									
11.5	燃气轮机负荷及速率的控制									

序号	项目	专家提出问题项目（个）	应整改项目（个）	全部完成项目（个）	部分完成项目（个）	未整改项目（个）	部分完成率（%）	完成率（%）	综合整改率（%）	整改合格率（%）
12	燃气轮机技术管理									
12.1	燃气轮机运行规程、系统图									
12.2	燃气轮机运行技术管理									
12.3	燃气轮机停运保养									
12.4	燃气轮机检修技术管理									
12.5	燃气轮机设备技术监督管理									
12.6	燃气轮机技改管理									
12.7	燃气轮机可靠性管理									
12.8	燃气轮机设备反措管理									
12.9	燃气轮机检修记录、资料及台账									
12.10	燃气轮机设备事故档案									
12.11	燃气轮机热部件返修台账									
13	标示标牌									
13.1	管道油漆、色环、介质名称、流向标志									
13.2	主、辅设备及阀门的名称、编号、标志									
14	燃气轮机管理诚信评价									

附录七 火电企业燃机专业综合评价标准修订建议记录表

序号	评价项目	标准分	查 证 方 法	扣 分 条 款	扣分标准	扣分	查评依据	备注说明
								设备型号：SIEMENS 公司 SGT5—4000F 建议单位：如华电××××发电有限公司 联系人：姓名，电话（指建议提出人）

注 专家查评中发现的新增条款记入本表，但不作为打分项。

修 编 说 明

为贯彻落实国家安全生产最新法律法规，以及电力行业安全技术规范和系列标准，积极适应新工艺、新材料和新装备大量应用实际，中国华电集团公司对 2011 年发布的《发电企业安全性综合评价》（安全管理、劳动安全和作业环境，火电厂生产管理）组织修订完善，同时，结合安全生产标准化、安全诚信建设和隐患排查治理要求，对相关管理内容进行补充完善，同步对扣分标准和查评依据进行了更新。

一、修编的工作过程

2015 年 4 月，在华电莱州发电有限公司召开了修编工作启动会议，研讨新标准修编框架思路，启动了修编工作。

2015 年 7 月，组织系统内专业技术人员在华电莱州发电有限公司对新修编的标准和依据进行了审查。

2015 年 8 月，在华电淄博热电有限公司、宁夏中宁发电有限公司进行新标准验证查评。

二、修编的主要内容

相对于 2011 年版《发电企业安全性综合评价（火电厂生产管理）》标准及查评依据，本次修编在形式上按照专业分册，将各专业查评条款与查评依据列入同一表格，相互对应，便于查评；对于内容较多的查评依据，以附件形式体现。在内容上，各分册依据最新法律法规、文件，以及国家、行业、集团标准等内容，更新相应查评条款及查评依据；查评标准中均增加了安全生产标准化、隐患级别和诚信评价的查评指标；附录均列出了查评常用表格形式，以供查评人员参考使用。

本分册为《火电企业安全性综合评价　燃机分册》（2016 年版），主要修编内容如下：

（1）原 2011 年版《发电企业安全性综合评价（火电厂生产管理）》燃气轮机一章为 700 分，现调整为 3240 分，新增诚信评价 295 分。

（2）原 2011 年版《发电企业安全性综合评价（火电厂生产管理）》燃气轮机一章含 12 节，现分册调整为 14 章。

（3）增加了天然气燃料、润滑油、控制油系统安全防护、设备防火防爆、应急处理预案管理、安全生产诚信、安全标准化等内容。

三、相关标准和制度的更新

本次修编对原来引用的已经失效的有关标准、制度的相关内容进行了修改。在使用过程中，相关引用内容如有更新，应采用更新后的标准和制度进行查评。

四、使用中的意见和建议反馈

使用中的意见和建议，请填写附录七，并随时反馈至 aqsc@chd.com.cn。